台茶好滋味

尋找台灣茶在地的感動

作者 宋冠儀
攝影 楊少帆

台茶好滋味

尋找台灣茶在地的感動

作　　者　宋冠儀
攝　　影　楊少帆

發 行 人　程顯灝
總 編 輯　呂增娣
主　　編　李瓊絲、鍾若琦
執行編輯　程郁庭、鄭婷尹
編　　輯　許雅眉
美術總監　潘大智
執行美編　游騰緯
美　　編　劉旻旻、李怡君
行銷企劃　謝儀方、吳孟蓉

發 行 部　侯莉莉
財 務 部　呂惠玲
印　　務　許丁財

出 版 者　四塊玉文創有限公司

總 代 理　三友圖書有限公司
地　　址　106台北市安和路二段213號4樓
電　　話　(02) 2377-4155
傳　　真　(02) 2377-4355
E－mail　service@sanyau.com.tw
郵政劃撥　05844889 三友圖書有限公司

總 經 銷　大和書報圖書股份有限公司
地　　址　新北市新莊區五工五路2號
電　　話　(02) 8990-2588
傳　　真　(02) 2299-7900

製版印刷　鴻嘉彩藝印刷股份有限公司

初　　版　2015年3月
定　　價　新臺幣三八〇元
I S B N　978-986-5661-28-1（平裝）

SAN YAU
http://www.ju-zi.com.tw
三友圖書
友直 友諒 友多聞

國家圖書館出版品預行編目(CIP)資料

台茶好滋味 ： 尋找台灣茶在地的感動 / 宋冠儀著. --
初版. -- 臺北市 ： 四塊玉文創, 2015.03
　面； 公分
ISBN 978-986-5661-28-1(平裝)

1.茶葉 2.茶藝館 3.台灣

439.4　　　104002249

目錄

Contents

Chapter 3 淬鍊

茶與人的邂逅

設計時尚的生活茶學

我愛喝茶，各式各樣的茶。

無論是趕時間時，隨手丟個茶包在馬克杯中，馬上就可以喝到香氣四溢的花草茶；或者是下午時光，忽然來的閒情逸致，拿出下午茶專用的漂亮壺杯，細細地斟酌茶的比例和開水的溫度，再挑出平時少用的沙漏，好好計量時間，泡出濃淡適中，專屬於我自己比例的午茶時光。

和朋友聚會時，不是約在咖啡廳，就是在供應下午茶的餐廳。一壺好茶，再配上三層式的茶點，既滿足了視覺享受，也讓晚餐前的饑餓食欲得到緩解。看著那一杯紅豔豔的茶湯，心裡總是在想：要經過多少人的手、完成幾道工序、幾個晝夜的忙碌，是搭船或飛機，才能到我手中，成就口中的美妙滋味？

企畫這本以台灣幾個重要紅茶產區為主題的書籍，有幸走訪十多位茶農的製茶廠及茶行，親眼見證樂天知命的茶職人們，珍惜上蒼所賜的資源，加上自身不間斷的研究和努力，讓台灣的紅茶，褪去苦澀外衣，走上世界舞台，和其他頂級紅茶一較高下，展露黃澄發亮、毫不遜色的金黃冠冕。

其中，介紹的二十八間茶館，無論是中式、西式或是混搭式風格的經營方式，店主無非是想讓走進這一方空間的顧客，得到片刻心靈休憩，啜飲一口好茶，再配上店家精心製作的茶點或以茶入菜的餐點，讓茶氣在身心靈間流動，瞬間充飽電力，繼續往人生下一站邁進。

台灣這個面積不大的海島，在全台三百一十九個鄉鎮中，至少就有一百零四個鄉鎮種茶、製茶，認真埋首產製茶葉的茶農不計其數，用心經營茶館的店家同樣無法計數，一路上學茶的前輩們更是不斷鑽研著這一門茶的高深學問，毫不吝嗇地和群眾分享。

雖然本書篇幅有限，無法一一詳加介紹，僅以記錄者的角度，向這些敬天知命的職人們致敬，希望無論是台灣本地人，或願意前來台灣遊玩的觀光客，有更多的機會認識已有百年歷史的台灣茶，讓這獨特的台灣香，能繼續傳香下一個、或更多個百年世代。

宋亮儀

Chapter 1

扎根

大自然滋養了茶樹，茶滋養了人，
細細品讀從古到今的台灣茶業發展，
想像當時歷經繁華與沒落的時代風景，
循著歷史軌跡，
更了解茶的個中滋味。

台灣紅茶的時光印記

中國是茶的發源地，根據考證，紅茶最初是由「小種紅茶」所發展而來；而紅茶則產於中國福建省崇安縣桐木關，交易於武夷山腳下。在西元一六一〇年前後，荷蘭商人第一次收購，運往歐洲銷售的紅茶品種，就是小種紅茶。

十七世紀初期，荷蘭商船首次將中國紅茶引進歐洲，這也是紅茶從東方傳播至西方之始，隨後英國女皇成立「東印度公司」，直接從中國福建進口茶葉；由於在廈門所收購的武夷紅茶顏色較深，因此被西方人士稱為「Black Tea」。

紅茶經船運往西方，在當時屬於來自遙遠的東方國度的稀世珍品，因此紅茶傳至歐洲時，喝茶成為上流社會的專屬享受，這些具有社會地位的人士，不但有專屬的沖泡茶具，更因為茶葉的稀有，被當成「茶金」珍藏，更有貴族為了避免紅茶被偷，特別訂製專屬木箱上鎖收藏。

後來紅茶逐漸在英國倫敦的咖啡屋及紅茶庭園慢慢流行起來，紅茶庭園始於倫敦郊區，此時產生的風潮讓多數的英國人開始接觸紅茶。直到十八世紀中，紅茶才真正普及於歐洲人民的日常生活，成為一種常用飲料，培養出喝茶的習慣。

三井合名會社　台灣紅茶的先驅

台灣較早期的茶葉記載，大約在一六九七年（清康熙三十六年），郁永河著作的《蕃境補遺》中，記載水沙連（今埔里、魚池一帶），山區有丈高的野生茶，漢人用來焙製茶葉。一七一七年《諸羅縣志》中寫道，「水沙連內山，茶甚夥，味別、色綠如松蘿，山谷深峻，性嚴冷，能卻暑消脹，然路險，又畏生番，故漢人不敢入採，又不諳製茶之法。若能挾製武夷諸品者，購土番，採而造之，當香味益上矣。」可見當時台灣已發現野生茶樹；雖然古水沙連地區涵蓋埔里及鹿谷等地，但此處所寫的水沙連應該不是現今的茶鄉竹山和鹿谷，由時間上及文中所述的「路險」及「畏生番」之說，可推論水沙連內山是指魚池和日月潭一帶，而所謂的水沙連茶，應是魚池當地所產的紅茶。

日本統治台灣以後，台灣才開始發展紅茶產業，三井合名會社於一八九九年在台灣北部大規模開拓茶園，是生產紅茶的先驅。當時即在台北海山區及新竹大溪區的蕃地開拓大規模的茶園，並陸續於大豹、大寮、水流東及磺窟等地創建新式紅茶工廠，主要外銷到日本，提供當地所需。

一九〇三年台灣總督府在草湳坡（今桃園埔心）設立製茶試驗場，開始試製紅茶，日本台灣茶株式會社成立於一九一〇年，以製造紅茶為主，專門輸出到日本及俄國，其中俄國是最大買家；一九一八年卻發生財政困難，經營不良，被台灣拓殖製茶株式會社合併。其後雖然致力於拓展紅茶事業，但因製造技術欠佳，品質粗劣，無法符合市場所需，出口量始終不佳。平鎮茶業試驗支所於一九二六年自印度引進阿薩姆種在魚池庄試種成功後，三井合名會社也增設新式機械製茶廠，大力發展紅茶，台灣紅茶逐漸受到重視。

享譽國際的日東紅茶

台灣紅茶的發展始於一九二五年，由日本三井物產株式會社自印度引進Jaipuri、Manipuri、Kyang阿薩姆茶種，及蒐集南投縣魚池鄉司馬鞍山野生山茶等四種品種的茶籽，並在一九二八年至一九三〇年在相同地點，建立母樹園供為採種源。

一九二八年三井合名會社將台灣紅茶以「Formosa Black Tea」送至英國倫敦及美國紐約銷售，深受當地消費者青睞；隔年台灣紅茶主銷倫敦，次銷美國和澳洲，這也是台灣日後極富盛名的日東紅茶（Nittoh）與立頓紅茶（Lipton）一較高下的開始。

之後，日本許多茶葉公司隨即來台投資，開拓阿薩姆種茶園，並設立新式紅茶製造工廠，大量生產紅茶。一九三三年又有東邦紅茶株式會社創辦人——郭少三自泰國清邁叢林山區攜回優良紅茶品種「禪種」，種植於埔里，設立茶園，生產禪種紅茶。

一九三〇年代世界紅茶生產過剩，市場價格爆跌，世界紅茶主要生產國家共同協定實行生產限制政策，日本政府乘機積極獎勵紅茶增產，促進出口貿易。一九三三年，荷蘭聯合印度、錫蘭等紅茶國家，簽訂「國際茶葉限產協定」，規定自一九三三年至一九四〇年間，限制紅茶產製及輸出，促使台灣紅茶竄起，一九三四年，台灣紅茶輸出量大增至將近三百三十萬公斤，還超出烏龍茶和包種茶的產量。

一九三七年台灣紅茶生產量達六百三十三萬公斤，輸出量更達五百八十萬公斤，占年茶總輸出量的52%，是日據時代的最高紀錄，挽救當時茶業發展，但當時的出口商以日資企業為主。由於國際間限產協定逐年放寬，加上第二次世界大戰爆發，日本因糧食缺乏及兵源需求，將台灣部分茶園改種糧食作物，並將勞力移轉使用，因而使得茶園荒廢，導致台灣紅茶的出口量日漸減少。

孕育台灣獨有的紅茶香

台灣光復後，政府開始積極獎勵茶園復耕，同時研究碎型紅茶的製造技術，並於一九六八年成立台灣省茶業改良場。之後，茶業改良場魚池分場於一九七三年成功選育紅茶茶樹品種，並命名為「台茶7號、8號」。魚池分場於一九九九年再度以多年的雜交育種經

驗，將緬甸大葉種與台灣野生山茶雜交，選育出適合製造紅茶的茶樹品種，並命名為「台茶18號」。

此後，茶業改良場持續進行紅茶產製技術改良、研發及推廣具台灣特色的優質紅茶。近年來還有「台茶21號」紅韻的誕生，也頗受好評。戰後至一九八四年止，台灣紅茶的輸出量平均都保持在兩百至三百萬公斤以上，有時高達四、五百萬公斤，一九八五年以後輸出逐年減少，在一百萬公斤以下，近幾年則幾乎沒有出口，反而大量進口。戰後的主要市場，初期為美國、智利、日本、英國、荷蘭、德國等，後來則由菲律賓、新加坡、巴基斯坦等國取代了智利。

精緻台茶的復甦

早期台灣紅茶以出口為主，尤其在日治時期，日本人積極引進紅茶茶種，嘗試在台灣種植並生產，供應日本內需與外銷歐美國家。台灣光復後，國內物資缺乏，但紅茶為台灣賺進大量外匯。

一九七〇年代後，由於國人生活水準提高，加上紅茶在國外喪失競爭力，適逢政府大力推廣部分發酵茶類，造成紅茶產業沒落，從未在台灣茶業市場推廣。

紅茶正式在國內消費市場有計畫地推廣，始自於一九九九年九二一大地震之後，地震雖造成重大災情，卻也震出台灣紅茶新契機；災後南投縣魚池鄉選定「紅茶」做為產業再出發的重要當地特色農產品，除了阿薩姆紅茶之外，茶改場魚池分場選定以最具台灣特色的「台茶18號」紅玉為主力產品加以推廣。

紅玉以緬甸種與山茶配出優良雜交品系，所製作的紅茶具有特殊的肉桂與薄荷香，為世界首見，即便作成奶茶後，仍保有特殊香氣，政府因此大力推廣，「台茶18號」紅玉也成為南投縣魚池鄉大量種植的紅茶品種之一。

有別於以往低價外銷路線，台灣改以生產精緻優質的紅茶為主，近年更結合中央與地方政府的推展，在沉寂三十年之後，台灣紅茶開始走出一片天，品質及價格皆足以和外國高級紅茶比美。目前除了供應國內市場，也外銷至歐、美、日等國家；開放陸客來台觀光之後，更受到歡迎，造成搶購風潮，供不應求。

資料來源／

台北市茶商業同業公會、行政院農委會茶業改良場

台灣紅茶 茶樹種類

基本上所有的茶樹品種皆可製作成紅茶，端看製成品的香氣是否宜人，及茶湯是否甘醇順口，以此判斷是否適合製成紅茶。若依茶樹的適製性區分，南台灣目前最適合及最常被茶農拿來製作紅茶的品種多為台灣山茶、阿薩姆種、台茶8號、台茶18號（紅玉）、台茶21號（紅韻）；北台灣及東部則多以三峽的青心柑仔種和花東地區的烏龍品種為主，以下列舉較常見的茶樹品種：

台灣山茶

以日月潭紫芽山茶為例，台灣山茶為生長於水沙連（日月潭地區）的原生種茶樹，生長在長年雲霧繚繞的山林間，歷經千百年，以自身力量扎根茁壯。在適者生存的大自然定律之下，每片茶葉都富含大地的強勁力量。沖泡出的茶湯金黃帶紅，散發林野間成長的芬芳氣息，帶有淡淡清香，亦透露出花香柔美氣息，滋味甘醇溫厚，喉韻甜潤，但產量稀少，可稱為紅茶中的上品。

阿薩姆紅茶

阿薩姆紅茶原產地為印度東北部的阿薩姆邦，屬印度野生大葉種，是日月潭地區最早引進製作紅茶的茶種，一九二五年至一九三三年，由三井物產株式會社自印度引進Jaipuri、Manipuri、Kyang及Indigenous等品種茶籽，種植於南投縣魚池鄉五城村蓮華池等地，開啟日月潭功夫紅茶先機。茶湯色澤偏紅，香氣濃郁，沖泡出的茶湯性溫潤不傷胃，早已聞名於世，受到廣泛喜愛。

台茶8號

於一九七三年命名，是採用印度的阿薩姆大葉種Jaipuri培育而成，台茶8號即取阿薩姆茶樹加以改良，也廣泛稱為阿薩姆紅茶。台茶8號與台茶18號都是大葉種紅茶，其中台茶8號葉片比台茶18號更大，以六到七月採的夏茶品種最優，具有與印度阿薩姆紅茶香味類似的濃郁甘醇香氣，也有麥芽香，但澀味較重，除清飲外更適合做加料茶，像加入冰塊、糖，沖泡成冰紅茶或加牛奶調製成奶茶後，還帶有濃郁茶香。

台茶18號

別名「紅玉」，以台灣野生茶與緬甸大葉種茶配種衍生而成，葉片較阿薩姆種茶樹略小，葉尾圓，葉緣波浪較大。茶湯具有天然肉桂香與淡淡薄荷香，其香氣則源自父本台灣野生山茶，曾被紅茶專家譽為台灣特有之「台灣香」，環顧全世界的知名紅茶品項中，紅玉屬於極為獨特的品種，加上又以手工採茶製成條索狀，是目前魚池鄉最頂級的紅茶。亮紅的茶色和濃郁茶氣，兼具阿薩姆的渾厚與錫蘭烏瓦茶的強勁辛香，非常有個性，較適合沖泡成熱茶清飲，可將其香氣及滋味充分展現。

台茶21號

別名「紅韻」，是經過茶業改良場近四十年的培育，於二〇〇八年所命名的新育成適製紅茶品種，取「鴻運當頭」之意，是印度大葉種 Kyang 與祁門 Kimen 小葉種雜交的後代，茶葉同樣具有香氣濃郁，帶花果香的特色，尤其還有柑橘類開花的花香氣息；茶湯色澤金紅明亮，滋味甘甜爽口，是中外茶界人士推崇為具有高香特點的新品種，同樣在南投縣魚池鄉大量栽培，也適合清飲。

青心柑仔

又名「柑仔」，取其葉片長成大如柑橘葉片之意，早期由北部蒔茶園選出的雜交種，生命力強，葉片成橢圓形、厚嫩且富有彈性，葉色呈現濃綠色的光澤，萌芽率強，見芽即可採收，是新北市三峽區的獨有品種，每年三月至十一月皆可採收，多製成綠茶為主；紅茶製程則會帶有獨特香氣，三峽區農會大力推廣以茶小綠葉蟬著涎後的青心柑仔所製成的蜜香紅茶，不必加蜂蜜就有淡淡的蜜香味。

青心烏龍

是台灣四大名欉之首，俗稱「軟枝」或「種仔」，一八六六年由英國人自福建安溪引進壓條苗，屬灌木形，樹型稍小、枝葉密生，葉形長呈橢圓形，葉片厚且富彈性，葉色濃綠且帶光澤感，成熟葉片的鋸齒明顯，是台灣種植面積最廣的茶樹。但此茶種對環境的選擇性高，根部淺，抗旱及抗病性較弱，容易枯死。青心烏龍製出的茶底韻較厚，花果香明顯，台東花蓮的蜜香紅茶多以青心烏龍製成，尤其是以茶小綠葉蟬叮咬吸吮後產生的化學變化，所製成的蜜香紅茶香氣最為迷人。

六大茶葉 發酵程度分類

發酵程度	茶色	著名茶種
不發酵	綠茶類 黃茶類	龍井、眉茶、珠茶、碧螺春、 日本煎茶、玉露茶
半發酵	白茶類 青茶類	白牡丹茶、白毫銀針；烏龍茶、 鐵觀音、包種茶、東方美人
全發酵	紅茶類	阿薩姆、紅玉、紅韻、 蜜香紅茶
後發酵	黑茶類	普洱、沱茶、餅茶、磚茶

Chapter 2

土地・人・對話

在全台產茶的地域中，
尤以南投魚池、新北三峽及花蓮瑞穗特別知名，
從平地到高山，
從南到北，
聆聽在地茶農的辛勤耕作故事、
品嘗他們親手種植或烘焙的好茶，
更能體會專屬於台灣的人情美好。

南投產區

中部茶產區

南投縣魚池鄉

魚池鄉位於台灣心臟——南投縣的中心位置，地勢屬起伏不大的低矮丘陵，四周被埔里鎮、仁愛鄉、信義鄉、水里鄉及國姓鄉所環繞，鄉裡最知名的日月潭是全台最高且未乾涸的湖水盆地，由於地屬亞熱帶季風氣候，氣溫適中，相對濕度偏高，夏季溫暖而多雨，冬季乾旱，適合農業生產。

主要栽種三大農作物為紅茶、蘭花、香菇，鄉內蘊藏豐富的觀光生態資源。魚池鄉舊稱「五城堡」，屬南投廳埔里社支廳管轄，西元一九二〇年改隸為台中州新高郡魚池庄，並成立庄役場（今鄉公所），一九四六年初改為台中縣新高區魚池鄉，一九五〇年則改隸南投縣。

全鄉面積約一百二十一．三七平方公里，屬於埔里盆地群一環，大部分是山丘地區，境內共有魚池、東池、大林、東光、共和、新城、大雁、五城、中明、水社、日月、頭社和武登共十三村，住民多數為福建漳州、泉州等地的閩南人移居，在日月潭則有近百戶邵族原住民，也有部分客家人。

享譽國際的高貴身世

因盆地地形、穩定的全年度濕度、六百至八百公尺的海拔高度，以坡向多變與磚紅土壤等得天獨厚的地理環境，讓魚池具備了產製高級紅茶的絕佳條件，早期就曾栽種小葉種紅茶，一九二六年日本人在平鎮茶葉試驗所引進印度阿薩姆種茶樹在蓮華池育種，並在魚池、埔里及水里試種。

結果發現日月潭的栽種環境跟印度阿薩姆茶區非常相似，自此開啟魚池鄉紅茶產業發展，當時魚池紅茶不僅與錫蘭、大吉嶺紅茶齊名，還曾在英國倫敦茶葉拍賣場名列頂級地位，更被用作進貢日本天皇的御用珍品，為魚池及日月潭地區開創享譽國際的風光年代。

從此之後，日月潭一帶成為台灣阿薩姆紅茶唯一產區，日據時代總督府在此設立紅茶試驗所，推廣阿薩姆紅茶生產，許多日本茶業公司先後到此投資開拓茶園，並設立新式紅茶製造工廠，積極發展台灣紅茶產業並加以輸出，直到日治末期，一九三四年最高峰輸出達五百八十多萬公斤，成為烏龍茶、包種茶外的第三種外銷主力。

台灣光復後，出口紅茶曾為台灣賺進大量外匯，但自一九七一年後，台灣工資高漲，種茶採茶的工資不敵其他產業，因此人力外移流失，手採茶菁不敵進口機器採收的低價紅茶，外銷紅茶逐漸失去競爭力，加上政府又積極推廣部分發酵的青茶，紅茶產業雪上加霜，終至沒落，農民改種經濟價值高的檳榔，許多茶園因而荒廢。

九二一震出紅茶新生機

一九九九年九月二十一日台灣發生大地震，南投魚池鄉成為重災區之一，卻也震出紅茶的新契機，地方推動重建工程以及社區整體營造，由在地茶農、鄉公所及茶改場魚池分場等多方合作，重新扶植紅茶產業，從大雁村澀水及仙楂腳兩區的茶園再次出發。

二〇〇三年魚池鄉公所開始舉辦阿薩姆紅茶文化祭，將台茶8號及茶改場推廣的台茶18號紅玉推上市場；二〇〇五年透過電子商務平台將魚池紅茶介紹給紅茶愛好者，提升能見度與知名度。

二〇〇六年當地向經濟部中小企業處爭取三年輔導計畫，引進企業經營理念及產品差異化，聘請顧問及講師，輔導茶農個別特色，塑造品牌形象，將魚池鄉紅茶更加精緻化，透過品牌包裝及旅遊話題，讓魚池鄉成功蛻變為具高知名度的地方特色產業，創造「台灣紅茶故鄉在魚池」的品牌形象，不但重拾往日光輝，更吸引茶農第二代或第三代年輕子弟願意回鄉奮鬥，投入茶園復耕及添購設備。

全台唯一錫蘭式製茶廠

魚池鄉紅茶得以再生，行政院農委會茶業改良場魚池分場扮演重要角色，茶改場魚池分場位於魚池鄉貓囒山東南方，鄰近日月潭，海拔八百五十至一千公尺，創立於一九三六年元月，於一九九九年

改隸中央，占地約一百公頃，年均溫二十度、雨量兩千至兩千五百公釐、土壤酸鹼度介於4.0～4.8之間，部分種植大葉種紅葉及小葉種包種茶，主要培育優良茶樹品種、進行相關茶葉各項試驗，並對紅茶及部分發酵茶作法改良輔導、病蟲害防治，推動紅茶品種及紅茶製造技術輔導。

魚池分場前身於日據時期即為總督府魚池紅茶試驗支所，就是台灣大葉種紅茶的研究中心，陸續興建辦公廳舍、日式宿舍和茶廠，其中紅茶工廠創建於一九三八年，仿照英國在印度錫蘭等地搭建製茶廠的風格建造，外觀黑黃雙色簡樸，三層樓整體空間以純檜木建造，依據紅茶採摘後的加工製造過程設計；廠內有早期英國、日本進口機器，至今還能保持正常運轉，就像一棟質樸的地標，默默地見證台灣紅茶的興衰演變。

頂級紅茶　獨特台灣香

南投縣因垂直海拔而溫差大，年均溫介於十五到二十四度之間，適合茶樹生成。根據《台灣的茶葉》資料顯示，南投縣茶園面積約有八千公頃，占全台茶園40%左右的面積，主要分布於名間鄉、鹿谷鄉、仁愛鄉、竹山鄉、信義鄉及南投市，全縣十三個鄉鎮幾乎都產茶。

其中又因各鄉鎮地理環境及海拔高度的不同，所生產的茶葉也各具特色，也因為手採或機器採收茶菁而有所區別，以鹿谷鄉來說，就是手採區，以凍頂烏龍茶最為著名、竹山鎮則有杉林溪高山茶、仁愛鄉的盧山茶、信義鄉和水里鄉的玉山烏龍茶廣受愛茶人喜愛；以機械採茶的區域則有名間鄉的松柏長青茶和南投市的青山茶。

魚池鄉紅茶最初以大葉種阿薩姆茶葉製成，條索勻整，色澤烏黑油潤，沖泡後茶湯紅豔明亮，香味可迅速沖出，滋味醇厚，並散發清新芬芳的淡淡花香，除了單獨沖泡飲用，可加入牛奶調製成奶茶，也適合與其他花草茶調和飲用，冷、熱飲皆宜。

目前魚池茶區所栽種紅茶品種有阿薩姆、台茶7號、台茶8號、台茶18號、台茶21號及野生茶樹，其中台茶18號紅玉的口感、色澤及香氣最為獨特，它是由緬甸大葉種Burma與台灣野生山茶雜交後選育而成，茶湯具有天然肉桂薄荷香氣，非常迷人難忘，更無須加糖調味，曾被紅茶專家譽為特有「台灣香」，是世界知名紅茶中獨特的品種，台灣獨有，堪稱世界頂級。

台茶21號紅韻則是由印度大葉種Kyang與祁門小葉種Kimen配種而成，茶葉香氣濃郁、茶湯色澤呈金紅明亮，滋味香甜且帶有特殊花果香，也是被茶界人士推崇具有特別韻味的新亮點紅茶。

年輕世代　傳承魚池紅茶香

近年魚池鄉成為台灣紅茶的原鄉，帶動高學歷及年輕世代返鄉種茶製茶，創立了許多新品牌，也推動DIY製茶體驗營，讓旅客深入了解手作製茶的樂趣及辛苦，像「和菓森林」的石茱樺，頂著碩士學歷傳承父親老茶人石朝幸的製茶手藝，與夫婿陳彥權共同開創紅寶石紅茶。

「香茶巷40號」由老師傅許堂坤所建立的香山農場有機園，也種植、烘製台灣山茶，並和兒子許志鵬一起打拼；澀水社區的「澀水皇茶」則是蘇水定和居民共同將日本貢茶後代及陶藝發揚光大；還有推動魚池鄉紅茶復興運動的重要推手，由前任鄉長廖學輝創立的「廖鄉長紅茶故事館」；以及新起之秀「益同茶莊」年輕茶農王瑞鴻主打紅韻紅茶，並鎖定年輕族群，推出實用精美玻璃茶具及計時器環保禮盒，頗受歡迎，有了這些齊心努力傳承的茶農，魚池的紅茶定會再度站上新舞台！

資料來源／

行政院農業委員會茶業改良場魚池分場、林木連等《台灣的茶葉》、魚池鄉農會、魚池鄉公所農委會茶改場魚池分場蕭建興茶作股長、中華茶文化學會范增平、經濟部中小企業處、備事得行銷股份有限公司、魚池鄉公所

香茶巷40號

——堅持有機手作生產 日日飄香的香茶巷

「香茶巷40號」是香山農場紅茶品牌的名稱，也是一個真正存在的地方，它是由「永遠的長工夫婦」老茶農許堂坤夫妻倆一輩子無怨無悔地對這塊土地付出與耕作，堅持有機栽種出來的紅茶天地。近年來兒子們也返鄉工作，一同守護這得來不易的園區，也種出了頂級品質的有機無毒紅茶，不但參賽屢屢得獎，還申請到MOA（Mokichi Okada International Association）岡田茂吉國際協會認證，及生產履歷標章，更打進里仁有機店通路，開創另一番紅茶新天地。

在開放遊客體驗製茶的這天，老農夫許堂坤正以被太陽曬得黝黑的雙手，手掌拱起將茶菁握成團，以順時針的方向，在乾淨的竹篩上面輕揉已萎凋二十小時以上的茶菁，一邊教導大家「手的力道要輕柔、不可以太大力，以柔勁而不是洗衣服的力道來對待茶菁，旋轉時不能過熱，才能順利成團，進行下一個步驟。」

原來這群觀光客利用兩天的時間來香茶巷40號體驗製茶過程，一群人浩浩盪盪從各地聚集而來，參加機會難得的製茶課程，前一天一大早，他們就穿著輕便服裝、戴上防熱的帽子，在茶園女主人的指導下，親自下田學習如何摘取一心二葉的嫩芽，之後趁著好天氣，先在帆布上將所摘得的茶菁均勻鋪開，進行一至二小時的室外萎凋、接受太陽的日曬，之後再上製茶廠二樓，在室內萎凋網上攤平，再度讓葉片的水分蒸發。

進行解說的是許堂坤的大兒子許志鵬，他提醒若是萎凋的過程沒處理好，茶的苦澀味就退不掉，香氣也會消失，要讓水分揮發到60％才是最佳的濕度，接著再進行下一個步驟；如果過乾的話，一揉捻葉片碎掉，就做不成條索狀的紅茶了。因此在每個環節都要小心謹慎，這也是開放消費者體驗的緣故，「讓他們知道做茶人的甘苦，以後買茶時，就不會殺價了。」許志鵬笑著說。

孕育出頂級茶種的所在

許堂坤聊起魚池鄉栽種紅茶的歷史，得回溯到一九二五年，日本人引進印度阿薩姆等品種紅茶於台灣南投縣的魚池鄉栽種，由於魚池鄉得天獨厚的土壤與氣候，種出的紅茶品種才能躍升國際，還曾在英國倫敦茶葉拍賣場被列為頂級品種，更是當時日本天皇的御用珍品。

目前魚池日月潭茶區所栽種的紅茶品種有阿薩姆、台茶8號、台茶18號（紅玉）及野生茶樹，其後紅玉的茶湯具有天然肉桂香氣，以及淡淡的薄荷香味，這些香氣的來源即與台灣野生紅茶有關，是世界知名紅茶中非常獨特的品種，堪稱世界頂級。

而許堂坤小時候便和身體不佳的父親一起住在日本宿舍，為父親的老闆工作，在海拔稍高一點的地方養雞鴨牛和種烏龍茶，戰後老闆回日本，許堂坤利用積蓄向國有財產局買地，從幾分地開始，陸續存錢買了五甲地，並買下宿舍當住家，後方還有因戰爭炮彈炸毀的老煙囪舊遺跡，他在九二一地震過後配合廖鄉長的政策，砍掉檳榔樹，開始種植紅茶茶樹。

用心良苦　有機無毒栽種

因為自己也喝茶的關係，許堂坤少用農藥，加上政府鼓勵有機無毒栽種，魚池鄉的有機栽種少，因此許堂坤開始自己製作有機化肥，為了不讓鄰近噴灑的農藥污染了自家的茶園，許堂坤五甲地只種三甲，留著外圍的兩甲地不種植不採取，築起一道隔絕污染的天然堡壘圍牆。

年紀漸長的許堂坤，找回從事音響工程的大兒子許志鵬和二兒子許志賢，將一生所學都傳授給他們，並且聽從兒子們的建議，開放其實沒有利潤的體驗營，

香茶巷40號
有機紅茶
Shiang-Cha Lane 40
Organic
Black Tea
有機紅茶
Shiang-Cha Lane 40
Organic
Black Tea

為了推廣紅茶文化，讓都市人也能體會大自然的美好，並且全程自己動手做，還可將製作、烘焙完成的紅茶成品帶回家，那種與茶貼近、與土地的親近，是任何成就感都無法比擬的，更能感受到農人的勤奮樂天，以後再也不隨便浪費食物。

許堂坤說，要喝到一口好喝的紅茶，必須經過茶農的耐心、愛心與苦心製作，才能成就一杯好茶，也才能喝得安心。因為園區內不灑農藥，所以有許多的昆蟲如紅蜘蛛、獨角椿象來咬茶葉，他便在茶園設置補蚊燈，保持生態平衡；為了讓茶樹長得好，他利用合格的高蛋白蛋粉加奶及獨家配方做成肥料，也可讓害蟲吃到飽撐，便不再傷害茶菁，也順便施肥讓茶樹吸收足夠的養分。

而雜草也有用處，他不施用除草劑，以人工除完之後將雜草做成人工堆肥，降低肥料成本，許堂坤說，自己有土地，還要有技術，才能有茶葉的產量，因此除了兒子之外，他也鼓勵年輕人回鄉種茶，這是一條有前景的路，做不到有機至少要無毒，並透過好的行銷將台灣紅茶發揚光大，希望紅茶的香味，可以在魚池一直飄香，還能站上國際舞台，為台灣爭光。

找好茶

香茶巷40號（香山農場有機園）

地址／南投縣魚池鄉新城村香茶巷 40 號
電話／（049）289-6369
營業時間／10:00 – 18:00
網站 \www.xtea40.com.tw

- 製茶體驗營限二十人以上，需事先預約

廖鄉長紅茶故事館

——推動紅茶復興的功臣

位於台21線上的醒目歐式建築，經過很難不下車前往一探究竟，原來是南投魚池鄉卸任鄉長在此開設具國際化的故事館，讓來往觀光客了解魚池鄉紅茶產業的興衰與發展。

因緯度與世界頂級的紅茶產區──印度阿薩姆省相近，一九二五年日治時期，日本派遣專家來台進行培育紅茶，在歐洲茶葉拍賣會上，魚池鄉紅茶被評比為「可與世界級大吉嶺紅茶、錫蘭紅茶媲美的頂級茶品」，是上貢日本天皇的「御用茶品」。

自此，台灣紅茶頓時成為國際之間的新寵兒，一斤叫價三十二元，相當於一名工人兩天的薪水。鄉中耆老形容過去「茶農有茶警看守，到茶廠繳茶菁時，茶販早已大排長龍等著收茶」的繁榮盛況；但好景不常，一九七〇年代之後，台灣工資高漲，紅茶產業逐漸凋零，茶農為尋找出路，紛紛將茶樹砍掉，改種植經濟效益較高的檳榔樹，當時一顆檳榔賣十八元、一斤雞蛋才賣八元，只要載送一卡車的檳榔賣出，往往還可換購一台卡車回來。

短短二十年之間，紅茶的光景就此沒落，被檳榔樹取代，從三千公頃的種植面積銳減成不到三十公頃，令人不勝唏噓。這般景象直到一九九九年發生九二一大地震後，震出另一個關鍵契機，當時的鄉長廖學輝，面臨受創嚴重的魚池鄉，加上土壤呈酸性、露水重、霧氣濃等天然條件，妨礙水果受粉、種植困難，讓他思索該為鄉民做什麼好？

恢復昔日茶園盛況

這般不利的天然環境卻是種茶葉最好的條件，於是他提出圓一個魚池全鄉的夢想，創造具永續競爭力的產業，他想起父親時代舊有的榮景，決定復興往日紅茶園的盛況，找回魚池鄉的特色。他不顧農友們的譏笑，身先士卒地砍掉自己種植的大面積檳榔樹，並取得九二一重建基金會執行長謝志誠教授的支持，開始種植紅茶茶苗。

從創立鄉長紅茶亭、承諾魚池鄉民，大家一同恢復以往採茶的繁華時光，廖學輝開始一連舉辦七屆阿薩姆紅茶文化祭，逐漸使魚池鄉紅茶從被世人淡忘的記憶中，慢慢甦醒，進而推展到國際；同時也力邀台新金控參與認養茶樹的活動，並積極與台中太陽餅異業結盟，以「太陽餅王子迎娶阿薩姆公主」活動，藉

此打響知名度，成功地打破「泡茶是老人的活動」的既定印象。

至今魚池鄉茶園的復耕面積已達至少五百公頃，有愈來愈多的鄉民返鄉種茶，將魚池鄉打造成為台灣十大經典農漁村社區，昔日年輕的採茶姑娘已垂垂老矣，變成了六、七十歲的採茶阿嬤，想請她們幫忙採茶，還得事先預約。廖學輝笑說，魚池鄉沒有失業率，反而還缺人工幫忙採茶，有時看著茶菁愈來愈成熟還不免著急，就怕茶葉老化錯過最佳採收時機。

打造紅茶故事館　見證茶時光

二〇一〇年廖學輝卸任後，並沒有停下推動紅茶產業的腳步，為了持續推廣紅茶產業，他集結各方人力，創立廖鄉長紅茶故事館，以說故事的方式，呈現魚池紅茶的歷史記憶。走進故事館如進入時光隧道，尋著茶香緬懷過去舊有的時光，再次回憶跨世紀的興衰。廖學輝一手打造的廖鄉長紅茶故事館，在魚池鄉可說是大型的地標之一，搶眼的白色歐式建築，外面還擺了一台老式福斯古董汽車，在魚池鄉間，幾乎很難不發現它的存在。

廖學輝將父親七十多年前開設茶廠的老設備搬進故事館裡，一進挑高的大門，就可見兩台超大型的揉捻機，正在將茶菁揉出香味；館內一樓設有供民眾免費品茗的吧台專區，一、二樓陳設珍貴的古老照片，一張張的大型看版，讓你尋著參觀動線回到昔日，從歷史文物見證舊時代與今日不同的榮景。

而館內還安排紅茶的製程生產線，從室內萎凋、揉捻、解塊、發酵到乾燥的製程，讓參觀者一目瞭然，跟著手中那杯溫暖的紅茶，一起慢慢品味回甘。廖學輝說，他的字寫得不好看，因為從國小開始，放學後他就要幫忙父親茶園裡的工作，看著其他小朋友寫完功課玩耍，讓他非常羨慕。

在記憶中，當時茶葉很貴，由於魚池鄉地處偏遠，交通尚未發達，道路都是石子路，開車到北部需要耗時一天，再讓台北的茶商整理好送到英國，則要花費

半年以上的時間，因此茶葉的品質一定要很好才會有人願意收購。現在魚池鄉的紅茶產業穩定，光是賣茶的店家和茶農數也數不完，廖學輝並不以此自滿，他除了自己收購茶菁外，還是魚池鄉第一家使用進口歐洲頂級的花草原料，以在地特色紅茶為基底，做出多種口味的花草茶，藉此做出市場區隔。

魚池紅茶　特殊茶香

魚池鄉的紅茶，也就是日月潭紅茶，以台茶18號（紅玉）最為知名，是由原生山茶與緬甸大葉種Burma紅茶配種而成，茶索較粗、色澤墨黑泛紫光，茶湯金紅鮮明而得「紅玉」的美名，具天然肉桂和薄荷香氣，曾被專家譽為特有台灣香氣的紅茶，兼具香氣和口感的紅茶最適合單獨品飲。

阿薩姆紅茶（台茶8號）則是從印度引進阿薩姆大葉種Jaipuri單株選育改良的品種，茶葉渾厚橢圓，茶索的外觀勻整，色澤烏黑油潤，深紅豔麗的茶湯，濃郁甘醇、氣韻濃厚，並有淡淡花果香氣，很適合做

成奶茶或加料飲用；另一著名茶種為台灣原生種山茶，屬於小葉種茶樹，茶索外觀緊結，茶湯紅豔明亮、滋味甘醇濃稠，香氣則從入口的甜美花果香變化成淡淡薄荷餘韻，是特殊的世界茶種。

有機會到魚池鄉走訪廖鄉長紅茶故事館，可順道一訪隔壁「紅玉的花茶店」，這是廖鄉長特別打造的浪漫小屋，裡面布置得美輪美奐，可在此品嘗各式茶飲及特製的花草茶，還能享用由長榮桂冠主廚特製的下午茶三層式點心，在鄉間也有五星級的高級享受。

找好茶

廖鄉長紅茶故事館

地址／南投縣魚池鄉新城村通文巷 6 之 31 號（台 21 線 56 公里處）

電話／（049）289-6217

營業時間／週一至週五 09:00 – 18:00
週六、日 08:30 – 19:00（除夕公休）

網站／www.liaomayor.com.tw

澀水皇茶

——進貢日本天皇的百年好茶

一台台的遊覽車駛進南投澀水社區，將近兩百個小朋友填滿澀水窯旁的體驗教室，被太陽曬得通紅的小臉蛋聚精會神地按照阿伯的指示，以順時針方向揉捻已經萎凋的茶菁，才揉五分鐘就已經手痠的小朋友不禁問「還要揉多久啊？」聽到阿伯說「再一下下就可以請大家喝冰涼的紅茶」，於是振奮歡呼，繼續用圓滾滾的小手揉著手中的茶。

拿著麥克風為小朋友講解的阿伯，原來就是澀水皇茶的老闆蘇水定。澀水皇茶，在全台灣的紅茶通路並不算得上有名，尤其是在日月潭紅茶的威名下，更顯得低調，殊不知澀水皇茶已有百年歷史，在日據時期還是進貢給日本天皇的皇茶。

現在想要時常喝到也不容易，因為產量少又精製的關係，常被回台的台商搶購一空，拿到中國大陸賣出高價，早已是高幹們愛喝的台灣紅茶。蘇水定說，日據時代進貢的皇茶以來自印度的阿薩姆種紅茶為主，由於澀水地區的氣候、地理環境及水質土壤等得天獨厚的條件，所孕育的茶葉品質非常優良，製作出的紅茶具有特殊香氣，並不輸給其他國家的紅茶，日本人發現後，便拿澀水出產的紅茶呈給日本天皇，受到天皇的喜愛與肯定，當時，一般的台灣人民根本喝不到。

日本撤出台灣後，帶不走好茶與已經傳承下來的技術，但澀水紅茶卻因為人力外流，茶葉價格大跌，經歷數十年的苦澀歲月，魚池鄉大雁村裡的澀水社區竟成為無名的小聚落；幸虧老天爺終究沒有遺忘這塊帶有珍寶的土地，九二一大地震雖然對全台灣造成重大災害，卻推了澀水社區一把。

土角厝變身台灣小瑞士

近五十戶土角厝的老式建築住家倒了近四十戶，受損極為嚴重，但澀水居民不氣餒，決定團結起來一起重建，由當時成立的重建委員會開始積極規畫，為了找回可以共同發展的生機，在文建會及南投縣政府文化局等單位輔導下，成立澀水社區發展協會，當時擔任村長的蘇水定當選為理事長，將澀水聚落導入社區總體營造。

大家回憶起老祖宗們曾經從事的拿手農作——栽種紅茶，製茶老師傅也還沒完全凋零，不如將這項高經濟作物再次發揚光大；接著又想起往日曾遠賣到北部鶯歌的特有製陶白黏土，大家決定找回製陶師，再次挖掘腳底兩公尺以下就有的白仙土，每家每戶都自行燒製陶瓦門牌，讓昔日榮光「澀水窯燒陶文化」重新回歸。

為了傾圮的老家，蘇水定回憶當時連續兩年幾乎每週開會兩次，在數百次的會議中，大家凝聚共識，決定用藍色的特殊文化瓦片當成屋頂，不讓鐵皮屋破壞澀水景觀，社區統一形象，打造出遠看猶如瑞士小鎮的造型，再利用盆地裡從未消失的美麗風光與豐富生態，讓居民與觀光客到此都能體驗螢火蟲、青蛙等蟲鳴鳥叫的自然世界。

澀水皇茶回歸世界紅茶舞台

而讓整個社區回春的，就是在日據時代曾經轟動一時的紅茶產業，種紅茶，是阿公那一代就傳承下來的農事，澀水皇茶緣於一九二五年日本人引進印度阿薩姆等品種紅茶到魚池鄉日月潭栽種，由於得天獨厚的地理與氣候條件，讓魚池紅茶躍升國際等級，並曾於倫敦茶葉拍賣場列為頂級，還是當時日本天皇的御用珍品。

蘇水定說，就像達爾文的「適者生存」學說，大家看到種植紅茶的商機，決定慢慢淘汰產值不高的檳榔作物，忍痛大砍檳榔園，改種茶樹，目前為止就有一百多公頃的植茶面積。魚池鄉日月潭茶區所栽種的紅茶有阿薩姆、台茶8號、台茶18號紅玉、台茶21號紅韻及台灣野生茶樹。

蘇水定的澀水紅茶以百年阿薩姆紅茶及台茶18號紅玉為生產主力，產量大約七比三，紅玉具有野生茶樹的淡淡薄荷香及天然肉桂香，茶湯鮮紅鮮豔，在世界上是獨一無二的品種及滋味，因此具有相當高的經濟價值。

精製茶作業費工　珍貴手工高品質

值得一提的是，澀水皇茶是精製茶作法，蘇水定除了對茶菁品質要求外，無論是自種近三甲的茶園或契作茶園，都是採無毒種植，堅持一心二葉的手摘茶葉，更接受農會認證，每年不定期的土壤、茶葉抽驗與無農藥殘留等檢驗皆合格；自稱是小地主、大佃農

澀水皇茶
SeiShui Black Tea
澀水皇茶

的蘇水定，製茶也不假他人之手，幾乎年年參加茶葉評鑑比賽，以維護紅茶的高品質及名聲，並精進技術。

他還特別請了五、六名挑茶工，專門將乾燥後包裝前的紅茶，以人工肉眼辨別的方式，仔細挑出老葉和枝梗。這項耗費人力和眼力的功夫，每人一天工作八小時，也只能完成二、三斤的精製茶作業，經過製茶和挑茶過程後，每五公斤的茶菁只能製作出一台斤的茶葉，可見其珍貴。

雖然費工，但是將不美觀的茶枝、茶骨與老葉篩選挑出，紅茶會更耐泡好喝，將它們和剩下來的茶心混合，還可以製成茶末茶包，滋味還是很不錯，而挑出來的茶枝和老葉還是具有濃厚香味，因此還有業者專門收購，並不會丟棄浪費。

紅茶　陶藝　生態　打造溜水豐富觀光資源

早在八十年前，溜水地區已經是燒窯聞名的地區，因此蘇水定捐出土地當成居民們都可以登記使用的溜水窯，並找來小時候就認識的陶藝大師陳雄鎮，回鄉

教導已研習超過四十五年的國寶級製陶技術，讓觀光客除了體驗紅茶美味之外，還能親自享受玩陶的樂趣，陶藝教室外擺滿遊客捏製好，再由大師進窯燒製的成品，陶藝課程相當受到歡迎。

命名為澀水皇茶，除了它原本即為日皇的御用茶品，另一方面也有「奉茶」好客的意思，蘇水定說，澀水古名「涉水」，受創後的澀水社區在居民跋山涉水的努力下，已經勇敢地站起來，現在要做的是讓澀水走得更好更遠！

茶是「前人種樹、後人乘涼」的產業，現在只要把當地特色茶發展及延續，讓數十年前能夠進貢的優良品質再現，並且把製茶技術好好加以傳承，那麼將來年輕人再也不用離鄉背井找工作，而是將在地茶文化發揚光大，年紀大的長者也可以以茶業賺取所需的生活費用，只要大家努力，台灣的茶產業會生生不息，不但居民的生活條件向上提升，皇茶的榮耀也能再現光芒。

找好茶

澀水皇茶

地址／南投縣魚池鄉大雁村大雁巷 31-6 號
電話／(049) 289-5938
營業時間 /08:00 – 20:00
網站 / seshui.sunmoonlake.tw

採茶製茶及製陶體驗營，需事先預約

和菓森林紅茶莊園

——打造歐式莊園紅茶

幾台大型遊覽車緩緩開進和菓森林茶莊的停車場，乘客攜老扶幼，魚貫進入位於一樓的製茶工廠；一批批遊客陸續抵達，導遊叮嚀大家先洗手，準備開始揉茶體驗課程；在等待自製茶葉烘乾的同時，大家拿起莊園準備好的水彩筆，創意彩繪著自己的紅茶包裝罐。

親眼見證絡繹不絕的遊客，頂著大太陽進進出出，像螞蟻般占據一樓製茶工廠和二樓門市的品茶區，不是津津有味地品嘗招牌冰檸檬紅茶，就是專注地拿著畫筆、沾著塗料，畫出世界上獨一無二專屬於自己的茶罐。

很難想像，地處稍微偏僻的魚池鄉新城村，這條香茶巷其實已經飄香百年。和菓森林人潮空前的盛況，並不是一朝一夕靠廣告得來的效益，而是由苦守茶園超過六十年的老製茶師石朝幸，和他的女兒石茱樺、女婿陳彥權接續打拼二十多年的辛苦成果。

近九十歲的製茶人石朝幸，在日治時代任職於日本人經營的紅茶廠，是由日本人培養、從茶業研習所專科畢業的台灣製茶師。台灣光復後，他在台灣農林公司繼續從事製茶工作，石朝幸說，當年魚池生產的台灣紅茶多外銷日本和歐洲，台灣人根本喝不到，不過由於當年日本持木茶廠的堅持和傳承，為香茶巷開路，讓石朝幸感念至今。

順應茶生命　做出個性茶款

「茶是有生命的，無論綠茶、紅茶、白茶還是黑茶，都各自有個性，雖然製茶不簡單，但只要依照各自品種的個性去製作適合的茶款，還是能克服障礙，做出好喝的茶。」石朝幸滄桑的面孔，說起茶經還是泛著專業又幸福的神情。「尤其我從種茶、管理茶園、製茶到賣茶，都是自己一手包辦，品質更有保障。」

第二代接手後，種茶、製茶已超過六十年的石朝幸，退居第二線，比較像是顧問的角色，早上去游泳，下午睡個午覺，再回店裡泡茶，看著往來的遊客，滿是驕傲。問起女兒和女婿從自己身上學到幾成的功力了？老人家笑著說：「他們做得很好，沒問題了！」

從小看著父親種茶、製茶，學商的石茱樺與原本從事環境工程的先生陳彥權，二十多年前返鄉繼承家業，邊做邊學，還抽空回學校念研究所，拿到企管碩士學位，進而開設「和菓森林紅茶莊園」，以體驗行銷的方式，推廣自家手工紅茶產品與魚池紅茶文化。

堅守茶園　不隨波逐流

他們重新包裝紅茶、開發出多種產品，還設計製茶及彩繪等體驗活動，在魚池鄉眾多紅茶品牌中找到品牌差異化，成功掌握自己的客源。和菓森林取閩南語諧音「好菓」，加上莊園的茶樹是日本人種植留下，且製茶技術也是承襲日式製法，為感念一位大和前輩的辛苦傳承，因而命名為和菓森林。

其實在九二一大地震前，紅茶產業已沒落數十年，茶農為了生計，紛紛放棄茶園，改種收入好的檳榔，「我們是吃茶米飯長大的，因此寧願賣地供子女念書，也不願改種檳榔樹。」曾獲得神農獎的石

朝幸說，之前進口茶的競爭和工廠惡性競爭，導致品質下降，但他始終相信紅茶產業會有再現風華的一天。

九二一地震後重建這幾年來，魚池紅茶已從剛開始的每斤一百元，漲到每斤一千至兩千元，而且魚池紅茶是手工製的條索茶，經過包裝後可以賣得高價，茶農採收茶菁可以有很好的收入，連採茶工人一天的工資也提高到一千五百元，「茶商與茶農雙贏，這個行業就可以繼續發展下去。」石朝幸笑著說。

這幾年石茱樺和陳彥權攜手合作，開發產量稀少珍貴的台灣原生種「紅寶石紅茶」、「老欉大葉種」祖母綠紅茶、由台灣野生山茶和緬甸大葉種配種而生的「紅玉紅茶」，及台茶21號「紅韻紅茶」和原有的阿薩姆紅茶；其他還開發隨身茶包系列，有桂花、水果、玫瑰和薰衣草等口味，產品多元，提供消費者更多台灣紅茶的好滋味。

開發多元產品線　推廣茶文化

石茱樺說，招牌祖母綠紅茶是日治時代持木茶區所留下的大葉種茶樹，以一心二葉所製成的條狀紅茶有明顯白毫，口感圓潤甘醇還帶有橡果香，適合原味飲用，是可以品嘗出老欉生命力的紅茶；紅寶石紅茶也是和菓森林的珍貴茶款之一，採自台灣原生茶種，

嫩芽呈紫紅色，茶湯金色帶紅，有濃郁的水果蜜香，原味飲用最好喝。

而大葉種阿薩姆紅茶則是日本人自印度阿薩姆省引進的茶種，榮獲英國拍賣會最高品質的榮譽，阿薩姆紅茶茶湯朱紅豔麗、口感香氣濃郁香醇，可添加鮮奶或檸檬，也可以原味品茗。和菓森林每年都會參加農會舉辦的年度製茶比賽，也是常勝冠軍，是魚池鄉紅茶的領導品牌之一。

每年的四至十二月，和菓森林還會開辦紅茶體驗營活動，藉著體驗營讓遊客認識茶樹、親自做茶，並學會如何泡壺好茶，還有專業的品評茶飲，讓一般人更進一步了解茶文化。

由於這裡備有英文導覽解說，因此常見金髮碧眼的外國遊客在體驗區揉茶製茶，連品茶都有模有樣。如果有外國友人造訪台灣，想深刻體會台灣茶農作息及台灣獨有的紅茶香，記得帶他們到南投縣魚池鄉香茶巷就對了。

找好茶

和菓森林紅茶莊園

地址／南投縣魚池鄉新城村香茶巷 5 號
電話／（049）289-7238
營業時間／09:00 – 17:30（除夕公休）
網站\www.assam.com.tw

紅茶製茶 DIY 體驗，請事先預約

紅茶的製程

紅茶的製造過程可分為七大步驟：

一 萎凋：

指將茶菁攤開於室內或戶外，利用太陽光或熱空氣的自然對流，將茶菁的水分減少的現象。在萎凋過程中將茶菁翻動叫做「浪菁」，代表茶菁葉緣的部分相互碰撞，使葉細胞破損，利於酶促反應，目的是使葉梗變軟，方便揉捻；同時將茶菁原有的青草味轉變為清香，萎凋後葉片顏色轉為暗綠，表面會失去光澤。

二 揉捻：

用外力讓茶葉捲曲成形，具有整形作用，可用手勢依一定方向，如順時針方式搓揉，力道勿過重但也不能過輕，因大量生產如今多採用紅茶揉捻機；目的在於葉細胞組織破壞達80%，茶菁汁液外流，加速酶促氧化，並塑造條索狀外形，此時茶汁會聚於葉子表面形成光潤茶乾，在沖泡時容易溶出，聞茶菁氣味轉清香，葉柄產生黃變即可。

三 解塊：

將揉成團塊狀的茶菁打散，散發堆積所產生的熱量並降低溫度，以防止因揉捻所產生的高溫破壞茶葉品質，此時可發現茶葉均勻散開，揉出的條索狀也初步成型。

四 發酵：

將茶菁放置在發酵槽，溫度控制在二十至三十度、濕度維持於90至95％，使茶葉出現紅變的現象，此時會產生茶黃質及茶紅質，形成更多香氣物質及滋味。觀察聞出菁味完全消失，產生花果香即完成發酵。

五 乾燥：

利用高溫破壞殘餘的活性，使葉細胞停止發酵及氧化，並將茶葉的水份蒸發才容易保存，同時散發低沸點的青草味，激化高沸點的芳香物質，會呈現特有的品種香。

六 精製：

此時製成的茶為毛茶，精製即指淘汰毛茶或成茶中的不良物質及雜質，淨化茶葉品質的作業，如老梗、蒂、茶籽、茶末、非茶類物質，可使茶葉外形與品質更為穩定，還可進行分級。

七 烘焙：

利用熱源讓茶葉進行化學反應，降低茶葉含水量，延長儲存壽命；還可去除青銅味、雜味及陳味，並降低紅茶的苦澀，提高其韻味，使茶湯更圓潤，出現甜香。

資料來源／

茶葉化學專家——葉士敏《台灣紅茶的百年風華》

紅茶的分級

紅茶分級是以葉片採集的部位和製成茶葉後的外觀來區別，但茶葉的等級標示並不一定和品質有絕對關係，除了少部分摘採特別部位的特殊茶款，大部份紅茶的製程，會將茶葉碾碎，因而形成完整或破碎大小不同的葉片，仔細品嘗茶的色、香、味，並依自己的喜好選擇，才是挑選好茶的不二法門。

紅茶的評比大多由專業人員進行，在評比紅茶的過程中，常會引用一些詞彙，如 Body 用作茶湯在口中的整體口感，Aroma 則代表茶湯整體的氣味。主要等級分類如下：

・FOP－**花橙白毫**（Flowery Orange Pekoe）

一般歸類為全葉等級（Leaf Grade），以整葉或大碎葉的茶葉為基礎。指在 OP 等級中帶有大量新芽（稱為 TIP 或 FOP）的全茶葉，有 OP 的上級品之意，而 OP 是不帶芽的；在芽尚未長成葉之前，摘採含芽的一心二葉便是 FOP，若芽已長成葉，再採則是 OP。

・BOP－**碎葉橙白毫**（Broken Orange Pekoe）

一般歸類為碎葉等級（Broken Grade），葉片較 FOP 小。是揉捻過程中被切成細碎的 OP 茶葉，與全茶葉的 OP 比起，滋味較濃，香味也較佳，適合大部分的市售進口茶葉是 BOP 等級。

・PF－**小碎葉白毫**（Pekoe Fannings）

為細碎葉茶等級（Fannings Grade），葉片又較 BOP 更小，約一至一．五公釐。

茶知識／

F - Flowery	如花蕾上的芽一般形狀的嫩芽。
P - Pekoe	帶有白毫的嫩芽。
O - Orange	嫩芽完全沒有葉綠素，帶有橙黃色的光澤。
B - Broken	碎型茶。
F - Fanning	片型茶，指 BOP 篩選下來的小片茶葉，幾乎快成粉狀。
D - Dust	粉塵狀般的細末茶，多以茶包型式出現。
G - Golden	金黃色的光輝
T - Tippy	含有大量新芽。
S - Souchong	小種紅茶。
1 - no.1	代表在該等級裡為頂尖的級次。

三峽產區

北部茶產區
新北市三峽區

新北市三峽區舊地名為「三角湧」，位於台北盆地的西南方，境內有大料崁溪（大漢溪）、三角湧溪（三峽河）及橫溪，三條河流交會，河流波浪洶湧加上地形略呈三角形，因此被稱為三角湧，是北台灣淡水河上游早期開發的山城聚落，與鶯歌、大溪、新店、土城和樹林區相鄰。

三峽區是新北市第二大鄉鎮，除了在大料崁溪沿岸寬約三公里的氾濫平原之外，其餘都是一千公尺以下的丘陵和山地，丘陵山區占全三峽面積九成，北邊是約一千公頃的平原。三峽山區利於排水，林野資源豐富，地層中還蘊藏煤礦，加上氣候溫暖、雨水豐沛，非常適合茶樹生長。

其實台灣茶業發展很早，根據連橫《台灣通史》紀錄，清嘉慶年間，茶樹種植多限於淡水河及支流大料崁、新店及基隆等三條溪；到了道光及咸豐年間，三角湧已有茶葉生產，西元一八六五年英國人 John Dodd 發現三峽海山地區氣候和土壤都非常適合種茶樹，因而開始引進茶苗及推廣種植茶樹。

加上早期祖籍中國安溪的移民在其原鄉多生產茶葉，移民來三峽開墾時也攜帶茶葉及茶苗來台種植，因此農民在此開墾種茶至少已有二百多年歷史。當時三峽採收的茶葉，先由當地茶農製成粗製茶，以三角湧街為集散地，透過中盤茶商沿淡水河送往台北大稻埕，經再製包裝後由商人運往對岸福州，再加以精製外銷。

日據時期三角湧闖名號

從晚清時到戰後的一九八〇年代，三峽的烏龍茶、紅茶、包種茶、花茶和綠茶的生產與出口，尤其是日治時期聞名全台的「三角湧茗茶」以烏龍茶及包種茶著稱，創造了一百二十年茶業的盛況。在一九〇九年日據時期，三峽山區還有日本民間與官方投資的「三井合名會社」經營兩大茶場、茶園六百多甲，專門從事紅茶製造。

並以大量契作方式，種植阿薩姆種茶樹，產製紅茶外銷，到了一九二四年，三井會社的大豹及大寮製茶工場以製作「日東牌紅茶」聞名，銷售全世界，以外銷英國為最多。戰後一九五〇年代三峽的茶產業仍持續發展，一直到一九七六年全盛時期還可生產二千公噸以上的茶葉，占台北市四分之一供應量。

一九四七年國民政府接收日方投資的三井會社，開放為「台灣農林股份有限公司茶業分公司」，將部分茶園放租茶農經營，九成以上生產紅茶。隔年，綠茶興起，一九六四年後綠茶的輸出量已超過紅茶，往後十年間，綠茶變成台茶外銷的重要支柱。

三峽茶產業起起落落，當地耆老認為可用「十年」作為興衰週期：如一九五〇年代柑橘為主要作物、一九六〇年代是綠茶、一九七〇年代綠茶市場萎縮、一九八〇年代初期以烏龍及包種茶再次興盛、末期又跌至谷底，讓茶農改種檳榔；一九九〇年代開始，因為青心柑仔種和茶小綠葉蟬，讓三峽的綠茶和蜜香紅茶，再度翻身。

碧螺春再造三峽春天

三峽區自古至今一直都是台茶外銷的正規軍，百餘年來維持「產、製、銷」的專業分工，也催生全台灣最早的農會——三峽農會。一九九〇年代末期，因健康意識抬頭，受到日本及歐美對於綠茶兒茶素保健功能的重視，讓三峽綠茶重新獲得市場青睞，傾力推出碧螺春茶的綠茶商品。

當地區公所及農會並於一九九八年舉辦第一屆碧螺春綠茶比賽，提高三峽綠茶的知名度，增加茶農收入，同時也提升三峽綠茶產業的地位。二〇〇三年的SARS造成台灣人心恐慌，剛好又有專家提出「喝綠茶抗煞」的方法，讓三峽綠茶銷售量一度爆增，曾經荒廢的茶園，又被茶農重新申請翻新，再造春天。

多年來，三峽綠茶因高品質外銷到世界各國，近年更獲國際各大品牌採用，像統一集團代理的知名咖啡品牌星巴克，更向三峽茶農下訂，賣起茶葉飲品，實屬不易。三峽農會、農委會茶業改良場的知能傳承與支持，和當地世代勤奮不懈的茶農們，都是讓三峽茶產業延續百年的重要支柱。

二〇〇六年起，三峽區農會在茶改場邱垂豐博士的支持下，辦理紅茶製茶技術研習營，協助改善當地夏茶價低的狀況；台灣省茶商同業公會還舉辦「第一屆天下名茶大賽」，由年輕世代的製茶師王維誠拿下紅茶組金牌獎的榮譽，使三峽製茶業者信心大增，農會也將市場價格整合提升到每斤二千至五千元的好價格。

全台獨有青心柑仔種茶樹

三峽茶區分布在溪南、橫溪、成福、安坑、竹崙、插角、大寮及有木等地區，海拔為一百至四百公尺，山坡地土質為礫質壤土，水田轉作為沙質壤土，富有機質，茶樹生長條件良好。三峽茶區連接文山茶區，茶園面積近一千公頃，種植品種有青心柑仔種、青心烏龍、金萱、翠玉、大葉烏龍與阿薩姆等茶種。

目前三峽所種植的茶樹主要以青心柑仔種與青心烏龍為主，尤其以青心柑仔種（又稱青心柑仔）為三峽特有的茶種，茶葉風味獨特，又具有「早發慢收」的特性，新葉生長頻率快，一年四季都可採摘，因此收穫量也多，幾乎全年無休，每天都有茶菁可採，有利茶農增加產量，已成為當地主力種植與面積最廣的茶樹。

現在三峽生產與製茶的方式，多為專業分工，製茶工廠向茶農以契作方式收購，或由茶農採摘茶菁後，直接賣給製茶廠，由於有機風盛行，加上夏季經由茶小綠葉蟬叮咬後的茶葉會產生防禦機制，經由製茶師傅精心製作及烘焙，能讓茶葉產生自然的蜜香風味，因此農家多採無毒農業生產方式，讓害蟲變益蟲來吸吮葉片著涎。

此外，三峽茶區仍保留傳統採茶古風，以人力手工採摘一心二葉茶菁。一九九〇年代時期，一斤茶菁只能賣得三、四十元，現已提高到每斤一百六十元至一百八十元的價格，每天從早上八、九點開始，一直到中午過後，都可看到農人提著一包包茶菁，趕著送到製茶工廠秤重販售的景象。

著涎蜜香紅茶創好評

春季和冬季，茶菁可製作成綠茶、龍井茶及碧螺春，到了夏、秋則可製作成蜜香紅茶及包種茶，三峽的茶農再也不受季節限制而無法製茶。近年來，全台獨有的小葉種茶樹青心柑仔，葉片經著涎後所製成的蜜香紅茶，跟台灣其他產地的紅茶風味完全不同，入喉回甘具收斂性且不苦澀，以冷泡法也能沖泡出清澈茶湯，頗受市場好評。

而三峽具代表性的茶行有經營到第四代，培養出年輕製茶師的建安茶行；受國際大廠商肯定，經營到第四代的正全製茶廠；在熊空一帶還有歷史悠久的台灣農林公司的有機茶園，同樣販售自製有機茶，加上三峽農會的整合推廣；無論是小茶農、小茶行、大型公司或官方單位，都讓三峽的茶業持續向前邁進。

在距離台北市不到一小時車程的近郊，是台灣人和來台北遊玩的外國觀光客最佳的去處之一，除了茶葉，還有柑橘、竹筍等農產品，期待三峽能繼續壯大，再造另一番榮景。

資料來源／

林炯任《台灣綠茶的故鄉—三峽茶產業的發展與變遷》、三峽區農會、農委會茶改場、林木連等《台灣的茶葉》

台灣農林
熊空生態有機茶園
——見證台灣茶百年歷史

三峽茶區生產的茶葉稱為「海山茶」，囊括了包種茶、龍井茶及碧螺春等，其中龍井及碧螺春是全台唯一不發酵茶類，香氣清新自然、茶湯爽口，廣受好評，其後茶農研發出全發酵紅茶，以獨特的品種及製法獨樹一格。距離台北市約四十分鐘車程，位處三峽群山之中，山陵線下不但有觸手可及的蒼山翠谷，另有占地一百六十八公頃、海拔七百公尺高，一處令人心情豁然開朗的人間仙境——「熊空茶園」。

很多大台北地區的居民並不知道，新北市三峽區種茶歷史非常悠久，已超過百年，早期因當地居民來自中國福建省安溪地區，普遍具有種茶技術與經驗，亦有人攜帶茶苗到三峽，加上三峽當地的地形氣候適合種茶，於是便從小面積植茶開始發展，後來在英國商人 John Dodd 的大力推廣之下，三峽的茶業從清朝末年到光復初期便有一番榮景。

熊空茶園占地七個大安森林公園面積大，四季不同時節都有截然不同的景致，春天園內的桃花、山櫻花將山頭點綴成粉紅大地；夏天，綠意盎然，不時可見蝴蝶、蜻蜓飛舞，夜晚有螢火蟲點燈帶路，還有樹蛙、獨角仙、台灣獼猴等；秋天，楓樹染紅大地；到了冬寒歲末，不時而至的寒流，靄靄白雪也會讓山頭一夜變白。

這裡以自然農法復耕田地，讓每棵茶樹在無化學肥料及農藥的環境下自然生長，並捨棄機械化，從植苗、施肥、除蟲除草到採收、製茶皆以人工作業，也因為全程有機栽培，才能在自然的食物鏈運作下，保有原始的山林之美。大地也回饋了最自然健康的作物，如品質純淨的有機烏龍茶、有機碧螺春綠茶、有機蜜香紅茶。

目前熊空茶園茶樹種類有青心烏龍、青心大冇、青心柑仔、四季春與金萱五種，一百六十八公頃的私有土地中，僅約五公頃栽植茶樹，保持低密度開發狀態，周遭環繞樹林，用以涵養純淨無汙染的水源，因此不需擔心農藥汙染問題；但也因有機栽種，茶葉年產量稀少，只有一噸多，還通過慈心有機認證，因此售價較市售茶葉昂貴。

免費參觀製茶過程

魚池鄉生產的紅茶，以阿薩姆紅茶、紅玉紅茶為例，都是用大葉種製作，而熊空的有機蜜香紅茶以小葉種為主，再加上熊空以天然、有機栽種，非常適合茶小綠葉蟬生存，茶小綠葉蟬著涎後的葉片，能製造有機蜜香紅茶，蜜香味比一般紅茶濃郁許多，且熊空茶園的製茶流程是公開透明的，遊客到熊空若恰巧遇到製茶現場作業，都可免費參觀。

創立於一八九九年的台灣農林，前身為「日本三井物產株式會社」，是百年老字號的製茶廠，早在日治時期就已嶄露頭角。根據地方誌的考據，早在日治時期，當時的三井公司就在三峽設茶廠，除了產製日式煎茶外，還特地成立紅茶專業區，製作「日東紅茶」外銷英、美及香港等地。

根據林炯任老師編寫的《三峽茶產業的發展與變遷》一書中指出，日本殖民台灣初期，社會尚處動盪不安階段，殖民政權對台灣的經濟貿易並無多加干涉，因此民間可以自由貿易，也可自由製茶。由於日本政府對茶業之重視，台灣茶業開始有專責的研發機構，負責人才培訓與進行茶樹品種改良，以推廣製茶技術。

戰後茶業復興運動

政府同時設立茶葉共同販賣所、茶業試驗所等機構來輔助，日本政府從茶葉試驗改良著手，因為看中紅茶在國際市場上的重要地位，在各地設立茶樹栽種試驗場。台灣茶業株式會社成立後，為了迎合世界茶業外銷市場，便開始種植小葉種茶製茶外銷。

三井會社興建製茶工廠後，在三峽大豹、大寮製茶，以專製「日東紅茶」而聞名。為了更優良的紅茶品種，台灣引進阿薩姆種茶樹試種並得到成效，日人因此更積極發展紅茶產業，並將日東紅茶外銷，在國際上獲得熱烈迴響，直到一九七〇年代前期，紅茶的外銷還很興盛。

第二次世界大戰爆發時，茶葉出口受阻，日本人徵調台灣青年至前線作戰，砍伐茶樹改種糧食作物，茶業生產因此停頓。光復後，台灣農林重新植茶製茶，民間茶園也開始復工。當時90%以上的產品以紅茶為大宗，直到戰後實施出口結匯，導致紅茶茶葉成本增高、外銷價格跌落，進而被台灣的綠茶取而代之。

一九七〇年後台灣社會轉型，茶葉外銷市場衰退，農村茶園人力大量流失；往後幾年間，台茶由外銷轉為內銷，政府開始推動茶葉復甦，才成功帶動茶葉市場價格和內需消費。

老茶廠　文化館　進入時光隧道

農林的百年歷史，走過台灣茶業的興衰榮枯，自茶業拓展開始，台灣農林就與茶葉有著密不可分的關係，農林公司開放民營後，平鎮及魚池茶業試驗支所改隸台灣省農業試驗所，繼續從事茶業改良，隨即展開綠茶品種篩選及製法改良。

二〇〇三年更成立有機茶苗試驗區，成為台灣第一家有機驗證的阿薩姆茶園，農林每年就有計畫性地以自然農法，逐一復耕台灣北、中、南區自擁茶園，擁有產銷履歷嚴格品管，讓台灣自產自銷的茶葉，征服世界。

目前還有位於大溪的老茶廠，及南投魚池鄉的日月老茶廠，生產十多種紅茶產品，和多款綠茶、烏龍茶及普洱茶等茶飲；大寮茶文館還是新北市首座成立的茶葉產業文化館，館內陳設有關台灣農林的百年記事外，也典藏不少老東西，可一邊品茗，一邊遊賞日本昭和時代建築美學，體會傳承百年的製茶工藝。

找好茶

台灣農林 — 熊空生態有機茶園

地址／新北市三峽區竹崙里竹崙路 243-2 號
電話／（02）2162-1710
營業時間／09:00 – 17:00（16:00 前入園，除夕公休）
網站／www.ttch.com.tw

申請導覽請事前預約，其他分屬茶廠資訊請參考台灣農林網站

資料來源／
台灣農林公司、林炯任《三峽茶產業的發展與變遷》、三峽區農會、林木連等《台灣的茶葉》、農委會茶改場

台灣農林・茶香刻劃的歲月

已歷經百年歲月的台灣農林，對於台灣茶業占有一席重要的地位，不僅見證了台灣茶業的成長、興盛時期，也一起走過低潮，並且重返昔日光景，直至今日，仍持續為台灣茶業寫下一頁頁的美麗篇章。

年代	重要事蹟
一八九六	於大稻埕成立三井合名株式會社，成為日後主導台灣茶業生產的重要組織。
一九〇一	日本政府從茶葉試驗改良著手，並設立茶葉指導所。
一九〇五	成立台灣茶業株式會社，專製紅茶，隨後也在三峽山區種植印度阿薩姆種製作紅茶。
一九二一	在三峽大豹、大寮開始製茶，初期以烏龍和包種茶為主，隔年大豹更以專製紅茶為主。

一九二四　大豹及大寮兩座大型製茶廠以專製「日東紅茶」聞名，產品多輸出日本及外國。

一九二八　紅茶被送至英、美兩國銷售，台灣紅茶也在國際上竄紅。

一九三四至一九七〇　紅茶逐漸成為外銷的主要茶類，當時茶價正好，一斤茶可換一百斤米，三峽也成為紅茶專業區。

一九四七　紅茶茶葉成本增高、外銷價格跌落，由台灣的綠茶取而代之。

一九七〇至一九八四　台灣社會轉型，年輕人口從農村大量流失，茶園耕作人口不足。台茶由外銷轉為內銷，導致生產成本提高也降低國際競爭力。

一九七五　政府開始舉辦製茶比賽與茶葉展售會後，才成功帶動茶葉市場價格和內需消費。

建安茶行

——三峽百年茶香 建安茶廠低調傳承

開車沿路上，放眼望去都是茶樹及茶園，矮樹們不是頂著光禿禿已被採摘完嫩葉，樹根部被放置了花生殼及拔下來的雜草當肥料；要不就是還有戴著斗笠的茶農正彎腰採收茶菁，海拔不高的丘陵地跟其他的茶區有著很大的不同。就在縣道 110 上、三峽跟新店安坑的交界處，我們找到位於建安里半山腰的建安茶廠。

剛好跟三峽老街分切成兩塊光景的建安里，沒有喧鬧的人潮，走進以紅磚及木頭構築、帶有古意的建安茶廠，彷彿走入時光隧道，老式的工廠、仍勇健運轉的老舊揉捻機，規律地發出磨擦的聲響；撲鼻而來的烘焙茶香，讓人不禁大口吸進、滋養心靈。

第三代老闆王考廷和第四代接班人王維誠，正在分工照看發酵中的茶菁及茶乾烘焙的熱度，窗外透進的微光加上昏黃燈光，兩人身上似乎也透著光暈。露出相同靦腆笑容的父子倆，不帶一點生意人幹練手腕的氣息，熱心地招呼，並拿出現泡紅茶待客。

看著玻璃容器裡的葉片靜靜舒展開來，釋放出琥珀色澤的茶湯，喝下後，淡淡果香緩緩在口鼻間散開，沒有太強烈的紅茶嗆味。小老闆王維誠說，最適合建安紅茶的沖泡水溫在八十到八十五度左右，水色呈現橘紅色的話帶有甜味；酒紅色澤則有較重的茶味。

王維誠建議嫩芽類的茶以瓷器或玻璃容器來沖泡，因為它們沒有毛細孔，不會繼續加溫；小壺茶約放置三分之一的茶量，茶葉便可舒展七至九分滿，濃淡則看個人喜好添加；寬底壺通常鋪一公分的厚度即可。建安的茶可以回沖三、四泡，紅茶則有六泡的水準，第一泡四十至六十秒即可釋出茶湯。

獨有茶種　製成天下紅茶金牌

民國六十九年次，有著化工專業背景的王維誠在二〇〇六年回鄉，和父親王考廷一起學著製茶，承繼

阿祖時代就有的茶業；原本以茶葉批發為主的建安，有了自己的品牌和包裝，同年這對父子以三峽獨有的青心柑仔種茶菁，製作紅茶參加比賽，在十六個參賽國的激烈競爭中，一舉奪下「第一屆天下名茶大賽紅茶組金牌」，讓外國評審驚豔不已！

接著在二〇〇七年，還獲中國大陸第二屆「凱捷杯」紅茶類銀獎，為三峽的紅茶實力再添一勝，揚名國際。王維誠說，無論台灣或外國，茶葉比賽多屬於區域性質，少有跨區比賽，天下名茶大賽是因偶然得知才參賽，能得獎不但自己驚訝，連評審也對三峽能做出得獎紅茶感到意外，卻也一舉打響三峽「小暗坑紅茶」的名號。

其實三峽早有產製紅茶超過百年以上的歷史，從日據時代的三井合名製茶廠，到現在的農林公司，便有史據可考。在建安住了五、六代的王家，不是務農就是做茶，三峽的茶業從來沒有中斷過，王考廷國小畢業就跟著阿公學製茶，他回憶老一輩的製茶人多鑽研發酵茶為主，紅茶也是其中之一。

王考廷以前也跟著阿公做過紅茶，後來國民政府來台，三峽專攻綠茶碧螺春，做紅茶的人愈來愈少。他靠著三十多年的經驗，可以充分掌握茶菁狀況，配合當天的氣溫及濕度，再依萎凋、揉捻、殺青及發酵程度的差異，以單一樹種製作出不同的茶。

製茶需搭配天時　地利　人和

還因為三峽特有的青心柑仔種茶樹，一年四季都可以採收，產量比起台灣其他茶區更不受限制，能順應季節製作出各種不同的茶類，不論是包種、東方美人、烏龍或碧螺春都難不倒王考廷，茉莉香片、壽梅、白茶和紅茶等，只要是配合「天時、地利、人和」，就能做出好喝的好茶。

育有一子二女的王考廷說，因為做茶很辛苦，原本就沒有要求孩子接棒，所以小孩長大後都外出打拚自己的事業，他則和妻子廖碧雪一起守著世代傳下的事業，每天清晨四、五點起床收茶菁，開始忙著製茶的一天，三十多年來始終如一，埋首在茶廠裡製茶，從沒想過要參加製茶競賽。

直到學化工的兒子王維誠辭去工作，回到家鄉跟他學製茶，剛好看到台灣省茶商業同業公會在南投舉辦第一屆天下名茶大賽的訊息，便決定與兒子一同報名，於是寄了2點紅茶參加比賽，居然在數百位國內外競爭對手中，以1點拿下金牌第一名，另1點則拿下銅牌第一名。

王考廷說，無論是製作哪一種茶類都要講究天時、地利、人和，天時就是季節，綠茶主要以春茶、冬茶為主，夏天則因茶葉苦澀性質，製作紅茶和東方美人茶為最佳，茶葉才更有季節性的韻味；紅茶也要像東方美人茶一樣，經過茶小綠葉蟬吸吮之後的化學變化，做出的茶會更芳香、帶有蜜香味，另外製茶時的心情和耐心，也是製作出好茶的重要關鍵之一。

王考廷的阿祖雖然是茶商，但他只會製茶，加上少量生產，因此沒有大量行銷，但是有很多內行人會找上門來，直接向他買茶，甚至還介紹海外客戶及代購，他的紅茶就這麼間接地飄洋過海，外銷到歐美、日本及中國大陸等地。

三峽獨有茶葉品種特色

王考廷認為紅茶給國人「外國文化」的印象，加上外國的紅茶香氣厚重，必須加入牛奶和糖一起喝才會剛好；近年來台灣的紅茶多以進口為主，因此競爭激烈，台灣本土的紅茶市場才會被稀釋。

其實台灣本地就有紅茶產區，南投、花東一帶都有，紅茶茶樹的品種也因地區而不同，建安的紅茶是以三峽特有的青心柑仔種製成，紅茶茶湯顏色多變，有時中層顏色像紅酒般醇紅，表面呈金黃色澤，口感十分溫潤不澀；而其他地區的台茶18號、阿薩姆種等茶樹，各有特色。

王維誠說，採茶菁非常辛苦，愈來愈少人願意做苦工，他原來也沒有接班的打算，但是「如果不回來，茶行就會消失，上游茶農的生計也會受影響。」他帶著使命感回鄉，並把家中的蜜香紅茶拿去參賽、獲得冠軍，將這項冠軍茶命名為「建安紅茶」，成為店內的主力商品。

建安的蜜香紅茶特點是被茶小綠葉蟬叮咬過，茶葉烘焙後帶有果香，尤其夏天採收的茶，因為夏茶季節性強烈，製成的茶風味更為濃厚。「蜜香紅茶就像紅酒一樣，放愈久味道愈好，但要保存良好、不受潮。」例如今夏製成的紅茶，放到明年夏天喝，味道更好，而且茶湯冷了還會回甘，滋味溫潤甘香。

舉凡碧螺春、東方美人、金萱、包種茶，建安茶廠皆有產製，王考廷說，春、秋、冬茶，以生產碧螺春與龍井為主，必須從季節性去發掘出每一款茶的不同風味，再從發酵過程、用心去感受茶的發酵程度及香氣，根據長年累積下來的經驗按部就班來製茶，還要注重每個環節，因此每一款茶都很難做。而且建安還堅持依季節製作適合的茶品，如夏季就改製作紅茶，並不是依銷路的好壞或訂單量來生產，這樣才能做出具有獨特性的茶葉。

每天在茶廠的香氣中生活，王維誠已習以為常，有趣的是，王維誠唸小學的兒子從小就懂得「喝茶」，「我們每天都會『試茶』，兒子不到一歲時就會伸手說要茶喝，就幫他加水稀釋。」王維誠說，雖然兒子還不懂品茗，但要分出好壞，他們一喝就知道。

王家人希望，台灣國人能多發掘本土自產紅茶的好處，年輕人也不必擔心繁複的泡茶方法，其實只要簡單泡或者夏天以一公克茶葉兌一百毫升的冷泡法即可；而他們也期待能有更多的年輕人回到三峽投入茶產業，種茶、採茶的人口繼續增加不中斷，讓三峽的茶香延續飄香下一個百年。

找好茶

建安茶行

地址／新北市三峽區安坑里建安路 79 號
電話／（02）2672-6556
營業時間／ 08:00 － 17:00（過年休假不定請電洽）

正全製茶廠

——百年茶廠　揚名國際

位於新北市三峽區竹崙里的正全製茶廠，已經連續兩年獲得農糧署評定為「最高標準5星級衛生安全製茶廠」，同時也是農糧署進行輔導「優質茶生產專區」的營運主體，所出產的茶品還具有產銷履歷認證，近年來，更積極推行有機茶園栽培並取得有機轉型期驗證。

自清末創立至今，正全製茶廠已傳承四代，第三代李謀全和目前接棒的第四代李宥陞，堅持祖傳茶葉高品質的堅持，對碧螺春綠茶、龍井綠茶、蜜香紅茶或東方美人茶等製茶工序非常要求，還導入年輕人的創意，目前由正全出品的茶量，已達三峽茶產業的八成之多，可說是三峽地區第一大茶廠。

七年級的李宥陞約二〇〇七年時回三峽接班，他唸電子科系也學過行銷，雖然年輕，行事卻非常沉穩，當老茶農拿著剛採收好的茶菁來「交貨」時，無論多少，李宥陞總是立刻拿著一袋袋的茶菁，跑回附近的廠區當場秤重。

李宥陞說，他已習慣這種每天早起晚睡的生活，因為三峽特有的青心柑仔種茶菁幾乎每天都能夠採收，一年有三百天都在「炒茶」，全年大概只能休端午、中元和中秋三個大節日，能休息一、兩個月算是很不錯的。跟正全配合的契作有兩百多戶、面積至少兩百公頃，多以無毒方式栽種茶樹；驗證過、具產銷履歷的至少有二十九家農戶、二十九公頃，還有十六家以有機方式栽培，面積則占十一公頃。

施作無毒農法　贏得國際訂單

目前三峽茶區八成都施作無毒農法、有機占一成多，早期施作的慣型農法愈來愈少，多以有機肥料為主，少用農藥，因此他們才能通過農糧署、農業局每一批茶多達五、六次的檢驗；加上配合政府及大廠客戶所要求的環境安全及衛生，李宥陞說服父親李謀全投入成本，將茶廠從水泥地改換不鏽鋼，而製茶過程：茶菁萎凋、殺菁、揉捻、解塊、烘乾等步驟，也改良為機器標準化作業，維持茶葉品質的穩定。

雖然製茶多年的父親剛開始很排斥，但經過溝通後也全力支持，正因如此，正全才能進軍國際舞台，贏得美國、加拿大、日本及歐盟等國際買家的口碑與信賴，拿下大筆訂單。李宥陞說，正全對茶農的要求很高，會協助訓練並輔導茶農無毒栽種茶樹、再申請有機認證，他自己也常到茶改場上課進修。

三峽一年四季都可以採茶，綠茶以春茶和冬茶品質最佳，夏茶則做紅茶和白毫烏龍。正全製茶廠目前年產約二十二萬斤，三峽知名的碧螺春占五成，後起之秀蜜香紅茶占四成比例，而歷史最久的龍井和東方美人茶則占一成，銷量也是相同占比，內銷與外銷的比例各半。

由於二〇〇八年時茶改場推廣蜜香紅茶，正全也大力支持，近年廣受年輕人好評，透過口碑行銷及網路宣傳，蜜香紅茶不負眾望，每台斤可賣到兩千至三千元不等的好價錢。紅茶不僅是全世界產量最多的茶類，同時也是消費最廣的茶葉，全球茶葉年產量約兩百五十萬公噸，其中有80%左右是紅茶，可見紅茶產量極多、消費之廣。

蜜香紅茶　廣受年輕族群歡迎

過去跟台灣的包種茶或烏龍茶相較起來，紅茶是眾多茶類中最便宜的茶，價差可達數十倍之多；但近年來，情況有改變的趨勢。紅茶是全發酵茶，它的湯色鮮紅明亮，且滋味豐富；大部分內含物的化學成分都已被氧化，含有豐富的兒茶素氧化產物，如茶黃質與茶紅質化合物；茶黃質的含量愈高，紅茶品質就愈好，評茶專家所指的「活性」，就是茶黃質含量多寡，也是紅茶品質的重要指標。

好的紅茶外觀色澤應烏黑帶光澤，湯色呈現澄清鮮紅，香味要帶焦糖香或甜香。高品質紅茶茶湯冷卻後會有「乳化」現象，這也是評鑑紅茶品質重要指標之一。跟其它茶類最大不同點是，紅茶是最具包容性和變化多端的茶類，不管冷、熱飲，清飲或添加其他調味品，都有獨特風味，因此逐年受到歡迎。

李宥陞說，父親和他已看見三峽茶葉的未來願景，願意全心投入，從來沒有想過轉行或放棄，因為這是從曾祖父時代就傳下來的家族事業，再辛苦也要拼下去。李宥陞的曾祖父從清末就在中國種茶，後來轉為製茶，以龍井為主，也做珠茶和包種茶，早期一斤才一．八元，不過當時三峽種植面積有兩千八百多公頃，是現在的十倍之大。

蜜香紅茶
三峽
Honey Black Tea

到了祖父時期，三峽茶業正值鼎盛，全三峽製茶廠有三十幾家，那時則改喝清淡的碧螺春，到了末期才又主打包種茶和東方美人。隨著茶葉價格低落、高經濟作物檳榔崛起，茶園逐漸被檳榔取代，茶廠也一間間消失，在約二〇〇七年時，三峽茶業墜入谷底，茶園面積僅剩一百多公頃，茶廠僅剩四家，隔年政府即開始大力推動轉作無毒和有機茶葉，政府輔導茶廠，茶廠再輔導訓練茶農。

精緻農業　再造三峽春天

正全第三代掌門人李謀全說，在二〇一一年度配合新北市三鶯樹地區產業整合發展計畫，由政府整合三峽茶業、鶯歌陶瓷業，將三峽的蜜香紅茶及碧螺春等好茶，盛裝在鶯歌的陶罐中，打造出最具在地特色的伴手禮，由正全與鶯歌陶瓷茶器專家風清堂合作的「峽客禮盒」，以鶯歌的陶瓷罐盛裝三峽的茶葉，針對兩家業者的在地成長故事，推出好茶款待來自

各地的客人，更增加三峽蜜香紅茶的知名度。

目前三峽種茶面積只有兩百五十公頃，但每年種植面積以十甲地的速度在增加，雖然台灣的茶產量不可能贏過中國，而且又有低價進口茶、中國綠茶及武夷岩茶等茶類大量銷來台灣，消費者的選擇性更多，但國人已經培養出在地化口味，習慣台灣產製的碧螺春及烏龍茶，加上健康及養生的影響，近年國人喝茶的比例可說是大幅攀升。

加上台灣製茶技術早被國際推崇肯定，外銷市場也愈來愈蓬勃發展，企業合作行銷的產量很大，如果三峽持續走精緻農業路線，控管好環境、衛生，以及對農藥的把關，加上良好的包裝設計與行銷，三峽茶葉品質絕對可以贏過日本與中國大陸。

找好茶

正全製茶廠

地址／新北市三峽區竹崙里紫微路 6 號
電話／（02）2668-2161
營業時間／07:00 － 22:00（可事先以電話預約）
網站／www.jctea.com.tw

台灣獨有
蜜香紅茶大解密

行政院農委會茶業改良場台東分場長吳聲舜表示：揚名國際的台茶「東方美人茶」，最大特徵是具有一股幽長細膩的天然蜜香（或稱熟果香），全世界目前僅知唯有大吉嶺紅茶和東方美人茶具有此天然香氣。大吉嶺紅茶號稱是全世界最頂級的紅茶，向來受到英國王室喜愛，並將它譽為「香檳紅茶」；而東方美人茶也曾深受英國王室青睞，被稱為「香檳烏龍」，是烏龍茶中的極品。

蜜香茶系列可說是東方美人茶（膨風茶）的延伸，衍生出來的貴妃茶、蜜香綠茶、蜜香紅茶、蜜香烏龍等新興茶類，已逐漸受到重視與喜愛。由於這系列茶品的茶菁葉片及茶芽皆須受「茶小綠葉蟬」吸食，因此為了維持環境的生態平衡，茶園以不噴或少噴農藥的農事工法，讓茶小綠葉蟬存活，並在葉片上「著涎」，製造出蜜香（或俗稱「蜓仔氣」）的風味。

蜜香綠茶品質的最大特色是甘潤爽口、帶有濃郁蜜味，並不是另外加入蜂蜜等添加物，它沒有傳統綠茶的「生菁臭」和「青澀」，尤其冷泡更能顯現出蜜香。

在茶業改良場的研究中發現，茶芽經茶小綠葉蟬吸吮後，加工製成的蜜香綠茶含有高量的兒茶素，遠超出綠茶，甚至可媲美大葉種茶樹，堪稱好喝又具保健功效的茶類。而台東分場自二〇〇〇年起即開始嘗試研製各種不同發酵程度的蜜香茶，不只研究茶樹、茶葉最適製的技術方法，還探討不同茶種所製造出蜜香茶的差異。

其中推廣最成功的當屬滋味典雅的「蜜香紅茶」，已成為花蓮舞鶴茶區的代表茶，當地還被譽為「蜜香紅茶的故鄉」，年產量至少可達兩萬台斤。舞鶴蜜香紅茶能推廣成功，就因標榜其為「可遇不可求的茶類」，帶有天然蜜香是其關鍵，加上嚴格的品質分級制度，不分季節統一售價，有別於其他茶區蜜香紅茶的產銷模式，值得各茶區做為發展「特色茶」的借鏡與學習。

尤其目前台灣半球形包種茶產製技術已達巔峰，加工技術難以突破，面對低價進口茶的衝擊和競爭，為了保護茶農、製茶廠的利潤，發展茶區特色及茶類精緻化應是突圍門路之一，而蜜香茶類的產製就是最好的選擇。

在經濟效益方面來說，夏秋茶是全年茶菁產量最高的季節，卻因製作出的茶帶有難以去除的苦澀味，農民大都不採摘，讓茶樹進行停採留養。若在春茶採收後，茶園不噴灑農藥，讓大自然孕育最適合茶小綠葉蟬的生長環境，再利用被叮咬過的芽葉製成蜜香茶，可增加茶農不少收益，以花蓮舞鶴茶區的蜜香紅茶為例，依品質分類，每台斤零售價可從二千元至一萬二千元不等，更可提高夏秋茶的附加價值。

況且蜜香茶不易量產，可說是茶中珍品，大可將蜜香茶塑造成台灣「典藏私房茶」的形象和概念，再加上蜜香茶具有安全、無農藥殘留的特徵，受到民眾喜愛，對金字塔頂端的消費族群更具一定吸引力。

近年有機農業食品盛行，各地也積極推廣茶園有機栽培，由於有機農法易受病蟲危害，一直是茶農最大的困擾，若能利用這些被蟲害吸食的茶菁，改變原有製作茶習性，將利於推廣有機茶園的運作；或者建立區域性特色茶，有效減少茶園農藥用量，降低對土地的傷害，一方面保護茶農自身的健康，也可提升茶園永續利用的價值。

資料來源／行政院農委會茶業改良場台東分場長吳聲舜

※文中提到的茶葉價格會隨不同因素變動，在此僅供參考。

花東產區

東部茶產區
花蓮縣瑞穗鄉

日據時代時，日本政府因花蓮縣瑞穗鄉稻米結穗累累，而以日本神社「豐葦原之瑞穗國」將古地名「水尾」改稱「瑞穗」。瑞穗鄉因濱臨東部海岸山脈縱谷區，西部臨中央山脈，平地較少，地形頗富變化，標高一百七十五至六百公尺之間的麻子漏溪，由北向南與西邊的紅葉溪匯集沖積成為中間精華地帶，是主要農業區。

境內舞鶴、奇美地區則屬山坡地地形，盛產茶、水果等農產經濟作物，目前則以文旦、鮮奶與蜜香紅茶三大主力最為知名。北緯23度27分4秒51的北回歸線，經過台灣的嘉義、高雄、南投、澎湖及花蓮，西元一九三三年日本人在瑞穗火車站西側，建造全台第二座北回歸線標（第一座在嘉義水上鄉）。

一九八一年，東線鐵路拓寬而將北回歸線標拆遷至舞鶴台地，重新建造，造型更加優美，北回歸線以南為熱帶季風氣候，以北是副熱帶季風氣候，附近又有古阿美族酋長居住遺址「掃叭石柱」景點，是東部巨石文化中最大遺石，加上台地景色優美，是遊客必到的重要景點。

自古即產咖啡及茶葉

回顧瑞穗地區農作史，早在一九四一年以前，就曾有日本人在瑞穗舞鶴台地種植阿拉比卡咖啡的痕跡，並且回銷日本。一九四七年光復後，漢人在此耕作，早期以種植香茅、花生、玉米、甘蔗等民生經濟作物為主，到了一九六〇、一九七〇年代，則種植樹薯、鳳梨。

而瑞穗海拔兩百至三百公尺，氣候早春晚冬，紅土壤富含礦物質；一九七三年農發會到此勘查，認為舞鶴台地適合種植茶葉，因此加以推廣。早期種植品種以「青心大冇（ㄇㄛˋ）」為主，到了一九八一年，開始種植金萱與翠玉品種，一九八六年則推廣種植大葉烏龍品種，時至今日，舞鶴茶區以大葉烏龍茶樹種植面積居多。

早在一九六〇年時，土地銀行因配合政府政策，分析出花蓮鶴岡地區的氣候及土壤條件和印度南部茶區相近，因此在鶴岡村設置苗圃，並與當地茶農合作產製紅茶，還設立示範茶廠，自此開啟鶴岡茶的歷史。一九七〇年還因鶴岡紅茶品質優良得到哥倫比亞的紅茶金牌獎，打響國際知名度也賺進不少外匯，曾創下每年外銷二十萬公斤的紀錄。

天鶴茶帶動茶產業

當時，搭乘台鐵光華號的乘客在火車上用玻璃杯所喝到的紅茶，就是鶴岡紅茶。可惜的是後來因台幣升值、工資水漲船高，紅茶也遭遇外國低價競爭，一九九八年隨著營運困難的鶴岡茶場關閉而走入歷史。其實自一九七三年後製茶種類改製包種茶，重心也從鶴岡移轉到舞鶴。一九七九年，前行政院農發會主委李崇道在此品茗後讚不絕口，將其命名為「天鶴茶」，以紀念茶葉研發者錢天鶴博士，茶葉栽培面積因此急速增加，農民們紛紛自設製茶工廠，家家戶戶都有製茶好手，也形成花蓮的專業茶區。

雖然舞鶴村以天鶴茶廣為人知，但在日據時期，舞鶴台地卻曾是生產咖啡的地方，日本人國田正二當年奉命拓荒開墾舞鶴台地，受到氣候、猛獸、傳染病等侵擾，幸有地方仕紳馬有岳等人鼎力協助，歷經數年才開花結果。之後咖啡及紅茶的栽培十分順利，栽培面積達四百五十公頃，隨後並成立「住田株式會社」，促成舞鶴咖啡回銷日本的通路，還成為日本天皇的御用飲品，奠定舞鶴台地的產業基礎。

二次大戰後，日本戰敗離開台灣，咖啡產銷出現問題，發生嚴重滯銷、價格下滑，迫使農民改種其他作物；而天鶴茶也在風光數十年後，舞鶴台地的作物又產生變化，如同多數農村一樣，也面臨經濟衰退、人口外移的問題，茶鄉又逐漸式微。幸虧仍有茶農努力堅持，研發改良新製茶技術，原本以製作半發酵茶為主的地區，導入全發酵茶，開創新商機。

益蟲帶來天然蜜香滋味

曾擔任天鶴茶產銷班班長的嘉茗茶園負責人高肇昫，與家族務茶為主的妻子粘筱燕，在數年前配合政府推動花蓮無毒農業栽培政策，意外發現原為茶農眼中的害蟲「茶小綠葉蟬（小綠浮塵子）」，在叮咬吸吮茶葉後，產生化學變化的茶菁，居然可以烘焙出帶有獨特口感及香氣的蜜香紅茶。

高肇昫尋訪專家後發現：國內綠、青、白、黃、紅、黑，六大茶系中，以紅茶的消費群占七成五為最多，於是與東昇茶行老闆粘阿端聯手研究，加上茶改場的協助，決定打破傳統，以大葉烏龍為底，改製作全發酵紅茶。被茶小綠葉蟬吸吮之後的茶菁，可烘製出甘醇、散發蜜味的紅茶，其茶湯呈香檳色，此產品一出大受歡迎，很快即銷售一空。並在二〇〇六年擊敗來自世界各國七百八十多種好茶，一舉得到世界冠軍，讓花蓮好茶再次步上國際舞台。

要製作出帶有天然蜜香味的茶葉，必須採用被茶小綠葉蟬叮咬過的茶菁，而要讓蟲兒住下，茶園就不能像以往從事慣型農法一樣噴灑農藥，肥料也只能使用檢驗合格的植物性有機肥。由於長年下來，茶園不受任何化學藥物污染，生態逐漸達到平衡，茶小綠葉蟬及各式昆蟲各居其所，茶樹生長和茶葉產量也就日趨穩定。

茶小綠葉蟬的甜蜜攻擊

茶小綠葉蟬對茶農來說，原本是活躍在茶樹枝芽間的昆蟲，破壞葉片的美觀，根本是必須用農藥趕盡殺絕的害蟲，現在則變成了瑞穗茶農的寶。茶小綠葉蟬（小綠浮塵子），英文名稱：Smaller green leaf-hopper,Tea green leaf hopper,Te，台灣俗稱為綠葉蟬、小綠浮塵子、煙仔、趙煙……等，茶農都叫牠青仔或跳仔。茶葉化學專家葉士敏說明：茶小綠葉蟬體長約二到七釐米，有淡綠色的保護色，繁殖力強，一年可發生十四代，於五至十月數量最多，且常在夏季節氣「芒種」前後的梅雨季大量滋生，白天躲在葉片背後或樹蔭多的芒草間，刺吸茶樹嫩葉汁液的高峰期則於清晨和黃昏。

葉士敏解釋：茶小綠葉蟬的口器會產生水狀唾液，協助吸取茶葉組織中的汁液，該水狀唾液含有特殊蛋白酶，它會使茶樹啟動防禦系統，為了抵抗逆境而分泌釋放出「新洛蒙（synomone）」訊號物，用以吸引茶小綠葉蟬的天敵，如肉食性蜘蛛與寄生蜂前來捕食；另一方面，茶樹因為被叮咬受傷而產生自癒能力，促使茶多酚及芳香醇的含量增加。這種食物鏈的機制與茶樹自身免疫系統的啟動，使茶葉製作過程中產生含有「萜稀醇」及「芳香酯」的天然蜜香。

有了蜜香紅茶這支生力軍，瑞穗鄉農會於二○○八年起辦理蜜香紅茶評鑑比賽，更訂定金牌獎、銀牌獎、銅牌獎及優良獎四大獎項，鼓勵茶農精進種植及製茶技術。目前舞鶴台地有十五戶茶

農，茶園面積達一百公頃，年產量至少三萬台斤，平均價一台斤約兩千元，年產值可達六千萬元。

瑞穗鄉較具代表性的是粘家姐妹各自經營的茶園，包括老大粘阿端的東昇茶園，老二粘筱燕與夫婿高肇昫所經營的嘉茗茶園、老四粘麗宜經營的東立茶園；得獎常勝軍有彭成國和兒子彭偉翔合力經營並傳承到第四代的吉林茶園與瑞穗有機生態農場……等。

資料來源／

農委會茶改場台東分場長吳聲舜、瑞穗鄉農會莊正益、總幹事魏清河、瑞穗有機生態農場、交通部觀光局花東縱谷國家風景區管理處、行政院農委會、茶葉化學專家葉士敏

嘉茗茶園

——蜜香紅茶不加蜜 嘉茗茶園創新例

多數人聽到「蜜香」可能會有添加蜂蜜或者是甜甜的花蜜的第一印象，但這個觀念就要由花蓮蜜香紅茶的創始者高肇昫夫婦來解密了。花蓮瑞穗鄉的嘉茗茶園主人高肇昫在參加茶產銷班時，無意間發現了「害蟲」茶小綠葉蟬變「益蟲」的祕密，被牠叮咬後的茶菁所製作出的紅茶，不必添加任何糖類，自然就會有淡淡的蜜香風味，不但成功將蜜香紅茶推上頂級舞台，更贏得年輕消費者的青睞，愛上台灣紅茶。

花蓮的舞鶴茶區原本就以茶產區著名，早在一九七三年起就開始有種茶的紀錄，一九七六年茶開始生產與行銷；而一九七六至二○○○年期間，茶農們陸續種植青心大冇、青心烏龍、武夷茶、金萱茶、翠玉茶、大葉烏龍等適合當地氣候與土壤的茶樹品種。

嘉茗茶園主人高肇昫早年在台北工作，一直無法適應競爭激烈的都市生活，決定在一九七八年返鄉創業；而妻子粘筱燕的父親原本就是花蓮早期的茶農，因此他們也遵循前人的基業，剛開始，先存了五萬元購買一甲山坡地，種過甘蔗、香茅、花生等農作物，可惜收成不如理想。

直到一九八○年改種茶樹，由於土壤、氣候相當合適，當時他們也得到瑞穗鄉農會推廣股長魏清河協助，四處觀摩學習請益，終於慢慢摸索出頭緒。有生意頭腦的高肇昫認為，在國內綠、青、白、黃、紅、黑六大茶系中，以紅茶的消費群占七成五最多，加上外國人有大量飲用紅茶的習慣，於是他和同為茶農的大姨子粘阿端決定打破傳統，以大葉烏龍茶葉為原料來製作紅茶。

茶小綠葉蟬　害蟲變益蟲

高肇昫回憶，嘉茗茶園在一九八三年誕生，當時種植的茶種只有青心烏龍，到了一九八五年開始種植金萱、翠玉品種，兩年後茶農范先生從北部引進大葉烏龍品種，嘉茗便投入研究大葉烏龍的製茶方式。當下都是製作部份發酵的烏龍茶為主，至二○○○年才開始研發蜜香紅茶、蜜香綠茶及毫香碧綠茶。

當初研發蜜香紅茶的過程其實非常辛苦，因為連日下雨，摘回來的烏龍茶菁被茶小綠葉蟬吸吮過，茶芽變色呈現枯黃捲曲狀，無法製成清香的烏龍茶，產量極少，高肇昫不想浪費茶菁，決定試著製作全發酵的紅茶，沒想到成品居然散發出讓人驚豔的蜜香味！

這個誤打誤撞的美麗錯誤，讓高肇昫投入研究蜜香紅茶的製作與評茶，更加了解製作蜜香紅茶的竅門，後來在二〇〇六年參加天下名茶大賽，擊敗來自各國七百八十多種好茶，榮獲紅茶組的金牌獎，一舉得到世界冠軍，二〇一〇年再度打敗世界各國好手，拿下蜜香紅茶世界金牌獎，將舞鶴紅茶成功推向國際舞台。

夫妻皆獲神農獎殊榮

其實早在蜜香紅茶之前，因高肇昫努力研發新品種茶葉，對於農業具有重大貢獻，二〇〇〇年時就曾當選全國神農獎十大傑出農民，也曾獲得知名企業統一集團賞識，共同生產保特瓶裝「蜜香奶茶」、「蜜香綠茶」、「毫香碧綠茶」，不僅讓茶香飄出花蓮，更成為花蓮優質農特產代表之一。

值得一提的是，大葉烏龍製成的毫香碧綠茶，以不發酵的方式製成帶有甘蔗味的茶飲，不但具有豐富的兒茶素及葉綠素，加上採收顏色鮮綠的嫩芽部分，沖泡出帶有清新香氣，味道自然甘醇的茶湯，還曾與食品大廠桂冠湯圓合作，特地向高肇昫訂購毫香碧綠茶包，附在湯圓包裝裡，以茶湯代替清水煮湯圓，提升湯圓的滋味與口感，十分特別。

說起開發蜜香紅茶的緣由，高肇昫解釋，早期農民將茶小綠葉蟬視為一種害蟲，茶農會用慣型農法將它們殺死，其實在茶小綠葉蟬變成若蟲及成蟲時，會利用口器插入茶葉幼嫩芽葉組織內，吸收養液，使得茶芽發育受阻，被害的幼葉及嫩芽會呈現黃綠色，葉脈則呈紅褐色，吸吮嚴重時茶芽會捲縮不長，葉形呈船型，葉緣變褐色，最後脫落。

而經由茶小綠葉蟬吸吮過的茶芽，所製作出來的茶葉，含有特殊的蜜香味，適製紅茶和綠茶。蜜香茶的兒茶素含量也比一般傳統綠茶高，沖泡出的紅茶茶湯顏色呈香檳色，散發出淡淡蜜味，偶有桂花香。蜜香茶必須採用被茶小綠葉蟬咬食過的茶菁製作，因此要讓蟲子活，茶園就不能噴農藥。

推廣花蓮無毒農業

現在為了保護這些益蟲，農民們紛紛加入花蓮縣政府推行的無毒農業，茶園全年無農藥噴灑，茶葉生長既安全又衛生，製作方法更加簡單容易，茶農可利用自家人力，採收不受期限和天候影響；茶農也可自製茶葉，較不受春冬茶葉生長的影響，還可以大幅增加茶農收益。

嘉茗茶園早在多年前就已通過吉園圃的無農藥殘留認證，茶園多年不噴灑農藥，堅持只使用檢驗合格的植物性有機肥，因此經過數年，茶小綠葉蟬和其他昆蟲也定居下來，茶園已達到生態平衡。

也曾在二〇〇四年榮獲神農獎的女主人粘筱燕表示，蜜香茶以大葉烏龍茶樹，所採摘的一心二葉或一心一葉來製作，一年四季都可採收，但茶小綠葉蟬的成長季節在夏秋，因此夏秋二季也是蜜香紅茶盛產的期間，以五月至十月所製作出的茶葉滋味更佳，熱泡、冷泡都很合適，茶香香醇回甘。

此外，老家種有咖啡樹的粘筱燕，還以紅茶和咖啡混合獨家比例，調製出「藏紅鴛鴦」飲品，讓咖啡藏有紅茶香氣，幻化成一款多元味覺的飲料，非常特

別。多才多藝的粘筱燕除了曾得過全國傑出農家婦女之外，還是專業的製茶師和茶道講師，她參加家政班，開發相關茶副食品，如茶餅乾和茶瓜子。

夫妻倆為了推廣花蓮的茶業，還在茶行旁建立一間故事館，裡頭除了介紹花蓮茶業歷史、無毒農業、各種適製茶種及製茶流程介紹，還將茶小綠葉蟬擬人化，化身為寶貝「高小蟬」，高肇昫還會帶團解說，或讓旅客體驗製茶過程，讓更多人深入了解茶文化。

找好茶

嘉茗茶園

地址／花蓮縣瑞穗鄉舞鶴村六十五號
電話／（03）8871-325、（03）8870-792
行動電話／0932-521594
營業時間／08:00 – 21:00（可先致電確認）
網站／tea075.smartweb.tw

吉林茶園

——茶香傳承四代　金牌常勝軍

花蓮縣瑞穗鄉蜜香紅茶的知名度愈來愈高，在二〇一三年底首度舉辦兩場的蜜香紅茶比賽，分別由農會及鄉公所辦理，在由農會舉辦的比賽中，共一百八十一件茶樣參賽，吉林茶園包辦十金八銀二銅，成為大贏家。而吉林茶園第四代接班人彭瑋翔是七年級生，接班不久即把祖傳事業發揚光大，他略顯青澀的臉龐，在一班茶農叔伯間，格外顯得搶眼。

吉林茶園自第三代老闆彭成國於一九八〇年代創立以來，一直是優良茶比賽的常勝軍，多年榮獲「花東縱谷春茶」、「花東經典名茶」、「杉林溪高山金牌大賞」、「陸羽獎」等無數台灣獎項，還獨步全台茶園獲得98年度花蓮瑞穗蜜香紅茶比賽：蜜香紅茶組與天鶴茶園組雙料冠軍的殊榮，自二〇〇七至二〇一二年間拿過二十二面金牌，還曾獲得十全獎的紀錄。

彭成國在地耕耘三十多年的時間裡，累積不少忠誠回頭客，尤其是等級高的比賽茶，經常必須留給熟客，金牌級的茶往往都是熟客預付款項，等著比賽得獎後回來領茶，聞香而來的新客人便只有扼腕的份，彭成國說，生意最好的時候，曾經一天賣出七十萬元的茶葉。

三十年磨一劍的功夫，實在不是一朝一夕偶然就能成功，彭成國回想年輕時，原本在台北高檔腳踏車代工廠工作，一九七〇年代工廠失火，他頓失工作，不得已返鄉重尋生路。「小時候就跟著大人採茶、種烏龍茶，純屬玩票，沒想到有一天會回來尋根。」

無毒農業　益蟲幫忙製好茶

從一九八二年開始，彭成國認真學習茶這門學問，積極到茶改場上課受訓，也經常跑到全國各地有名的茶區去學做茶，坪林、鹿谷等地都有他的足跡。一開始主力都在製作烏龍茶，一九八〇年代後期才開始製作紅茶，這是因為茶小綠葉蟬的緣故，茶菁不適合製成清香型的烏龍茶，看到玫瑰色澤的靈感，於是改製成紅茶。

其實，彭成國到了二〇〇〇年左右才開始把主力放在紅茶上，因市場潮流普遍看不起紅茶，也沒人要喝，一斤才賣幾十塊錢，根本不符成本。九二一大地震後，南投魚池鄉開始紅茶復興運動，日月潭紅茶大翻身，花蓮也嗅到這股商機，把大葉烏龍品種試著製作成紅茶，沒想到加上茶小綠葉蟬的幫忙，蜜香紅茶很快地也占有一席之地。

花蓮縣政府推廣無毒農業，農民們就跟著配合，「一年四季至少可採收八次茶菁，我的三十甲地就可

以採收二十五甲，五甲種新茶樹，其他就和茶農們契作。」彭成國說，採收五甲的茶菁量可以做成有機蜜香紅茶、兩甲的台茶18號紅玉也製成紅茶，「那時茶改場的長官們幫了不少忙，我很感謝他們。」

紅茶產業　帶動就業機會

有機耕作在彭成國眼裡其實是最輕鬆簡單的農事，不必消毒、不施太多肥料，頂多拔拔草，但是早期收入就很難控制，持續了五年後，農地的環境才達到平衡，和管理茶園、採茶班及茶農的配合也逐漸穩定。「以前夏季的烏龍茶非常苦澀，只採春冬的茶菁，自從製作紅茶之後，夏天的品質反而最好，本地的採茶工還供不應求，得從別的縣市調派人工才行。」

茶產業就因為紅茶而整個動起來，創造了更多就業機會，彭成國一天最多可製作一百多台斤的茶，高級茶一天頂多只能做出二十台斤，由於只採一心二葉，三十幾人以人工手採，有時一天只能採收十多斤的茶菁，產量稀少，價格自然賣得好，金牌獎蜜香紅茶一台斤訂價從兩千至一萬五千元不等，做不好的他寧可放在倉庫不賣。

近年來吉林茶園的茶供應給固定的台商及陸商，外銷到北京、上海、山東、廣西各地，甚至來自加拿大的外國人每年都會回花蓮向他買茶，「我將製作烏龍茶的技術融入被茶小綠葉蟬叮咬過後的茶菁，茶湯滋味有別於傳統，不但回甘，還有蜜香味，適合各年齡層飲用，連外國人都驚豔。」彭成國說，經營茶園就得不斷研發與改良，才能夠在競爭激烈的市場中，立於不敗之地，因此他常周遊列國，品嘗各國茶道風味，也學以致用，還曾被金車飲料公司聘為顧問，在越南等地為品牌指導製茶技巧。

善用虛擬通路　行銷世界

父執輩利用口碑行銷和實體通路販賣，並不能滿足第四代接班人彭瑋翔，他加入父親製茶的行列後，決定將傳統的茶產業推向另一種新格局。民國七十四年次的彭瑋翔原本學電子資訊，雖然自小就接觸製茶，但因為辛苦，從沒想過要繼承父親的衣缽。二〇〇八年退伍後的他，發現自己還是喜歡這個從小生長的環境，因此決定留在花蓮舞鶴，同時也為人口老化的農

村，注入年輕的活力與創意。

他積極推廣虛擬通路行銷，製作官網，增加網路購物平台的銷售管道，並塑造品牌形象，還經常參加展售會，推廣家鄉的茶葉資訊，吸引跟他一樣的年輕族群上網買好茶。

吉林茶園有名的除了蜜香紅茶之外，另一項主力產品「柚花茶」則是彭家人發揮客家人的勤儉性格，將觀賞用的柚花在凋謝前，再次利用，以香片的概念，與茶葉一同燻焙，讓柚花的獨特香氣與茶香充分結合，創造出淡淡花香的清爽口感，無論是冷泡或熱泡都很適合，再開發出受歡迎的新產品。

歷經四代傳承，百年歷史悠久的吉林茶園，擁有獨特的製茶技術與實驗精神，採用傳統自然的耕種法，使用天然肥料，摒棄化學生長調節劑，遵循自然生產法則，與生態共生，通過二百多項嚴格的農藥殘留檢驗，製造出有機優良品質的好茶。

或許這就是以客家的硬頸精神做好茶的堅持，客家傳統文化融合當地阿美族的熱情，尊重土地，同時也得到大地最佳的回饋。

找好茶

吉林茶園

地址／花蓮縣瑞穗鄉舞鶴村七鄰迦納納二路 169 號
電話／(03) 8871-463
營業時間／08:00 – 20:00
FB 粉絲專頁 \www.facebook.com/JILINTEA

新元昌紅茶產業文化館

——茶廠傳承時代風華

台東縣鹿野鄉位於鹿野永安高台，是台東主要的茶產區之一，素有茶鄉之稱，而開業已有四十多年的新元昌茶廠，是台東第一間製茶工廠，數年前在文建會（今文化部）及仙人掌鄉土工作室的協助之下，成立「新元昌紅茶產業文化館」，是台東茶業的重要推手，更是東部地區的茶業重要指標。

新元昌紅茶產業文化館第二代負責人溫吉坊說：「近年來熱氣球活動在鹿野高台非常受到歡迎，一票難求，同時也讓更多旅客願意在好山好水的台東停留，有更多機會走進我們的茶工廠和文化館，加上這裡是重要的十大特色社區，讓觀光客能停下行旅的腳步，喘口氣喝杯茶，進一步了解東部地區的茶文化。」

溫吉坊的父親溫增坤被尊稱為「台東茶葉之父」，是因為早在一九六六年從新竹關西搬到台東時，就引進阿薩姆紅茶到台東種植，在當時政府政策鼓勵下，一九七一年在鹿野鄉永安村設立新元昌製茶工廠，現今鹿野已經成為花東最大的茶鄉，永安村則蛻變為全國十大經典農漁村之一。

溫氏家族從第一代開始篳路藍縷，將紅茶推廣為當地重要農產品之一，並將茶文化帶進鹿野，包括鹿野高台、建和、頂岩灣、美濃、知本溫泉等地，當時紅茶茶樹的栽種面積超過一百公頃，阿薩姆紅茶進而成為接替鳳梨及白甘蔗等經濟作物之後的重要農產，並見證了紅茶市場的興盛與衰退。

台東茶葉之父受重視

溫吉坊說，父親的製茶工廠在台東落地生根四十餘年，由於永安高台全年溫度較高，海拔約三百至五百公尺，非常適合茶樹生長，種植面積超過一百公頃，全盛時期每年可生產二十萬斤的阿薩姆紅茶外銷，尤其以鹿野鄉為最，當年大約有近百戶茶農種阿薩姆茶供應原料給新元昌生產紅茶，以茶維生，平價的紅茶飲料，更是許多台東人共同的兒時回憶。

溫吉坊回憶，當年父親來到台東時，農民生活困苦，鹿野地區開始推動種茶後，許多家庭的經濟獲得改善；一九八二年前總統李登輝造訪，為鹿野茶命名為「福鹿茶」，鹿野地區茶業也因此進步得更快，李登輝還曾拜訪新元昌三次，親手寫下「服務社會」匾額送給溫增坤，可見當時政府對新元昌的重視。

但紅茶的好景不常，一九七八年起，台東引進烏龍茶，加上國際紅茶價格下滑，茶農便紛紛改種烏龍茶，烏龍茶崛起，台灣茶產業幾乎全成了烏龍茶的天

下。一九八四年茶業改良場台東分場正式成立，台東縣的茶業更興旺，武夷茶、佛手茶、金萱茶等茶種被陸續推廣，紅茶的生產宣告終止。

當時的省政府農林廳介入輔導，新元昌參加茶葉衛星農場計畫，開始生產「紅茶飲料包」，供應全台東的國小及各經銷點，每包新台幣五元的紅茶飲料，深受小朋友的喜愛，夏季炎熱往往一天可以銷售三千包以上，為新元昌開創第二春；但後來環保署推動禁用鋁箔袋包裝，紅茶飲料在一九九八年又劃下句點。

蜜香紅茶量少珍貴

溫吉坊表示，其實台灣的紅茶、烏龍茶或高山茶各有支持者，由於台東的海拔不夠高，製作高山茶拚不過其他區域；而九二一大地震之後，日月潭的紅玉、台茶8號及阿薩姆紅茶被炒熱，花東地區也跟隨這波紅茶翻身的趨勢，溫吉坊試著重新製作紅茶，並以無毒、不使用殺蟲劑及農藥的自然農法栽種茶樹。

阿薩姆紅茶
清香可口 * 夏天良伴
止渴解除疲勞覺醒作用
新元昌紅茶
HIGH CLASS BLACK TEA

近年來，茶改場及農會積極推廣，製茶技術精進，將茶的苦澀味降低，加上台東高溫多濕的氣候促使茶樹生長快速，溫吉坊說，在台東，茶葉一年可收成五次，冬天到春天每隔六十至七十天可收一次；夏季時間縮短，每四十天就可收成一次，是一大利基，使得紅茶產業又有大躍升的機會。

靠著父親留下的現成機器，也因曾在茶改場當過近一年的技工，溫吉坊有穩定的製茶技術，使用小葉種台茶12號的茶菁，製作出頂級蜜香紅茶，還變化出別具特色的「紅烏龍」茶，它具有紅茶的香氣色澤，同時帶有烏龍茶甘醇的口感，發酵程度只有80％，跟紅茶全發酵不同，但茶湯更為濃郁。

在夏季被茶小綠葉蟬叮咬、著涎的茶菁，經變化、發酵後產生特殊的香氣和甜味非常受到歡迎，由於是手工採摘一心二葉的高品質茶菁，雖然產量不多，但足以供應老客戶的需求，還可分級成一台斤一千二百元至一千六百元、優質等級可達一台斤兩千六百元，

如果是比賽茶得到金牌獎，更可賣到一台斤六千元。

推廣紅烏龍成特色茶

這幾年，紅烏龍一直是得獎不斷的常勝軍，二〇一四年還拿下台東縣特色茶及分級評鑑兩面銀牌，溫吉坊認為，參賽是一種學習和觀摩，也是一種肯定，進一步可創造商業價值。過去外銷大量生產的茶葉，近年則開始走精緻路線，除了自有可採收五甲地的茶菁，進而收購其他茶農的茶菁。

溫吉坊輔導契作的茶農不使用農藥，同時管理茶樹及茶葉的品質，再加以檢驗，確保安全無虞，只要茶園沒有其他的農作物相鄰，就沒有農藥問題；但近年因越南茶葉進口而嚴重衝擊到台灣的烏龍茶市場，溫吉坊認為紅烏龍的知名度還不高，因此想要大力推廣成為台東的特色茶。

近年來熱氣球活動在鹿野高台非常夯，對台東的觀光產業有相互拉抬的作用，而「新元昌紅茶產業文化館」館內保留許多古董級製茶設備，轉型為紅茶產業文化館之後，提供民眾品茶及體驗活動，肩負起教育與傳承的使命，讓這間老店開創新生機和價值，未來更朝向生產、體驗、教育與文化的方向努力。

找好茶

新元昌紅茶產業文化館

地址／台東縣鹿野鄉永安村永安路 451 號

電話／（089）551-016

營業時間／09:00 – 18:00（免費入館參觀）

FB粉絲專頁\www.facebook.com/taitung.tea

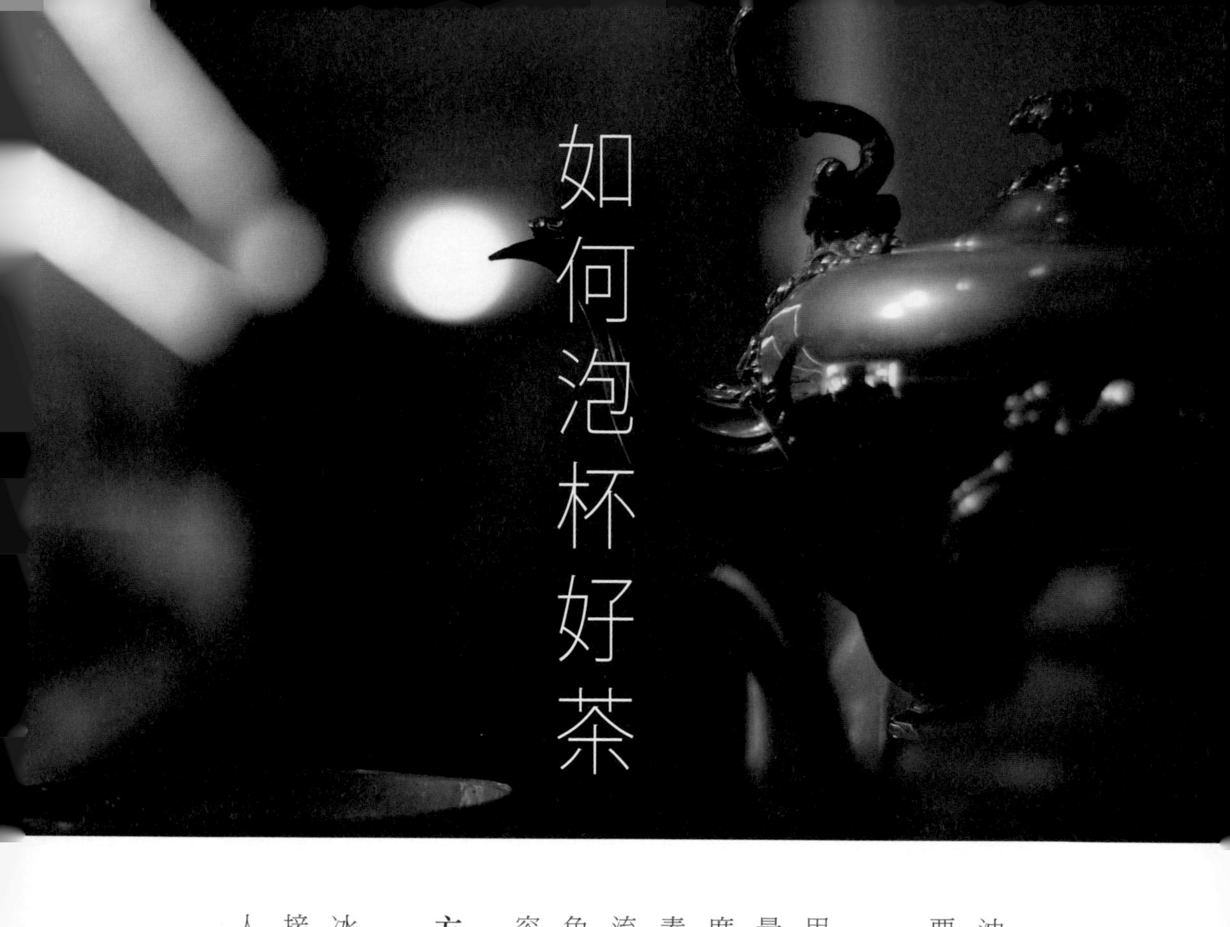

如何泡杯好茶

泡茶看似簡單，實則是門學問，必須使用適當的沖泡方法，才能使茶葉展現原味，首先掌控基本五大要素：茶量、茶器、水質、水溫、時間。

以沖泡水質來說，「水為茶之母」，最好不要使用自來水，可用逆滲透純化過後的純水來沖泡茶葉為最佳，若使用適量礦物質的微酸性水，則要注意總硬度不宜大於一百五十ppm，因為過多的鈣容易與兒茶素及其衍生物形成沉澱，使茶湯混濁；而使用市面上流行飲用的鹼性水，則同樣會跟茶多酚作用，易使湯色變暗及混濁，減弱茶湯滋味和鮮爽度。茶器依使用容器則可分為方便泡、小壺泡、蓋杯泡。

方便泡的沖法（以冰紅茶為例）

以一百五十毫升左右的沸水沖泡出熱紅茶，再將冰塊放至玻璃杯中，接著以濾過茶葉的熱紅茶茶湯直接沖入玻璃杯中，可以清飲或加入蜂蜜，喜歡奶茶的人，則酌量加入鮮奶即可。

以壺泡為例，又可分為中式與西式泡法

中式：

首先準備一套茶具組，以瓷器或玻璃為佳，包含茶壺、茶杯、茶海（茶盅）、茶巾及煮水器。

1、先以熱水將茶壺與茶杯溫熱。

2、將茶葉放入壺內，以鋪滿壺底，厚度至壺身四分之一至五分之一為佳。

3、注入燒開後降至九十到九十五度的開水，第一泡約浸泡三十至四十秒即可倒入茶海，以保持茶湯濃淡均勻。

4、往後每次浸泡時間多十五至二十秒，即可倒出飲用，約沖泡三到四回。

西式：

1、選擇瓷器的茶壺與茶杯，先以熱水溫熱。

2、放入約三至五克適量茶葉，並依茶葉種類增減份量。

3、加入煮沸後降溫至九十到九十五度的熱水，水量約三百六十毫升，可沖出兩杯份量。

4、浸泡約三至五分鐘，即可倒出，可依茶葉種類及濃度調整時間。

茶知識

帶有台灣特色的紅茶，如台茶18號紅玉，其實也很適合使用中式傳統壺泡法，茶湯別具風味，此時可選擇條索狀紅茶較為適合。

如何分辨好紅茶

一杯好喝的紅茶是什麼滋味？除了判別產地、是否參加比賽或一般等級，以及品種的風味之外，還可以依照紅茶的形、色、香、味加以分辨，再加上個人的飲茶習慣綜合考量，即可選購出自己最滿意的茶葉。以台灣條索狀紅茶為例，挑選茶葉時可注意以下幾點：

・形（外觀）

色澤應呈現烏黑油潤泛紫光，條型紅茶應選擇條索緊結、碎型紅茶則顆粒勻稱，具金黃白毫更佳；若是色澤晦暗泛紅褐色、帶粗梗老葉則品質不佳。每一種都有一定的標準形狀，應視茶葉的老、嫩為主要的考量條件，老而粗大的茶葉比幼嫩整齊的品質差；此外茶梗、茶葉、茶末含量多者不好，且不該混有夾雜物。

・色（水色）

各種茶都有其標準色澤，而紅茶以深褐色且具有光亮為上等，沖泡出的茶湯色呈豔紅、清澈明亮泛油光為佳；而色澤灰暗、雜而不勻、混濁不清者都是屬於下品劣等茶。

・香（香氣）

紅茶香氣較多元且各具特色，但基本皆以清純濃郁的品質較好；若帶有陳年味、雜味或濁味，則不建議選購。

・味（滋味）

入喉滋味醇和回甘、濃強鮮爽，較屬於好茶；若味道平淡、只有甜味而無收斂性，則品質較不佳。

茶知識

將泡過的茶葉拿出觀看葉片底部，若葉底呈現肥軟鮮活、紅勻明亮，品質較佳；若葉底泛青綠、暗褐色或多筋的話，則屬品質較差。

紅茶茶湯冷卻後，會形成所謂的「茶乳」（tea cream），在白瓷杯中明顯可見一圈金黃透亮的「光圈」，是一種不溶性膠質沉澱，該複合物與茶湯的活性有直接關聯，此乃咖啡因與多酚類結合後所產生的懸浮物，是滋味濃純、品質優良的紅茶才有的特性。

Chapter3

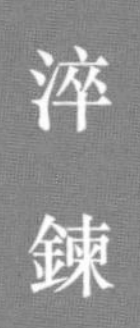

去蕪存菁的好茶，淬鍊出好感生活，

找個晴朗午後，走訪二十八間茶館，

聆聽茶與茶人的邂逅、體會設計時尚的生活茶學、

穿梭藝術人文茶香之間、品嘗茶與食的完美結合；

茶湯入喉，

一股貼近身心靈的愜意舒展開來，

在台灣的土地，喝台灣茶。

茶與人的邂逅

綠茶
紅茶
茶生活用品
禮盒

七三茶堂

從畫誕生的茶堂

「哥，我朋友說我『活在畫裡面！』」，接起嫁到阿里山上妹妹的來電，七三茶堂創辦人王明祥預約了一趟上山之旅，卻意外一腳栽入茶葉世界中。

上山找妹妹的途中，當時正處於職場巔峰的王明祥，暫時拋下都市的繁忙，閉上眼睛大口呼吸，卻在此時聞到一陣陣的天然香氣，「那是什麼味道？好香！」王明祥找到源頭，原來是山上製茶烘焙的香氣，讓他難以忘懷。那時正埋首奮鬥於電子產業的王明祥，二〇〇八年前往茶山的一段奇遇，竟成為他日後人生中的轉捩點。

王明祥對山上的茶香著迷，回台北工作時，便帶了些茶葉跟同事朋友們分享，愈來愈對茶香的簡單美好難以自拔，「茶雖不語，卻充滿了許多人生故事與自然寓意」。王明祥於是決定在人生旅途上轉個大彎，離開外商公司的工作，拋棄人人稱羨的薪水與頭銜，選擇投入讓自己著迷的茶事業，要與更多人分享他所發現「因為茶而感到生活美好」的一切。

於是王明祥展開五年孤寂的創業之路，他利用工作培養出來的敏銳度，尋找大量的文字資料開始研究，進而正式投入茶的領域，從只停留在長輩在家會泡茶喝的記憶，起而行，到山上認識茶農朋友，聽他們如何種茶、收成；選擇一個團體學習茶藝；找製茶師傅，跟他們學習如何烘焙茶葉。

歸零開始　沉潛學習

他發現茶的領域和學問實在太奧妙也太浩瀚，自己一個人宛如瞎子摸象，實在千頭萬緒，不知該從何開始，直到他遇見人生中的貴人，「食養山房」的主人林炳輝。一場座談會後，不知為何，林炳輝叫住他聊聊，就這樣王明祥告訴了林炳輝自己陷入的困境，他問林炳輝，如何學泡茶才好？「你自己可以找出一條路，而不是非要入門入派。」

當下，王明祥更加堅定自己摸索前進的方向，他跑到茶改場上課，學習如何泡茶、評鑑茶，經過五年的沉潛學習，王明祥從網路賣茶開始，並且跟後來組成的團隊，參與許多台灣各地特色茶的製茶實務與學習研究，累積出了扎實專業的選茶、製茶技術。

他也曾在往食養山房的路上，被野薑花的香味所吸引，想把這花香和茶葉一起保留，卻整整失敗了一年，但王明祥不氣餒，繼續學習並向人請益，終於在參加數次茶葉競賽中獲得獎項，最後更通過二〇一二年由農委會茶業改良場舉辦的「茶業進階班筆試與杯測穩定性」的進階考試，成為真正的茶職人。

而七三茶堂的命名由來，取自小說作家王旭烽的著作《茶人三部曲》首部曲：《南方有嘉木》中一段句子：「倒茶七分，剩得三分人情。」故事描述一位中國西湖的茶莊主人，親自泡好茶盛情款待來訪的朋友，但每回都只倒上七分滿，讓茶杯容易握拿，茶湯不會燙手、燙口，讓飲者更能自在從容的細聞茶香、欣賞茶色、品嘗茶滋味，享受喝茶的當下。

特產入茶　風味獨特

在二〇一三年王明祥和工作夥伴終於把虛擬的網路販售空間，轉為實體店面，他看遍至少五十間店面，最後選在台北的松菸文創園區、大街裡的靜巷內。推開七三茶堂的木門，迎接你的是空氣中的香氣，原來王明祥把茶籠擺在店裡，讓烘茶的香味隨之逸散，當下味覺獲得滿足。

再來你會看見座位區依烏龍茶、綠茶及紅茶茶湯的顏色劃分為三區，店內地板以延伸到牆壁的水泥灰，以回收木料木屑製成、像是有草和梗的鑽泥板為隔板，以及鐵等三種顏色，搭出讓人放鬆的空間，隨手放置的空心磚堆疊在一起就很有味道，再加上侍茶者所待的開放小茶屋，原來喝茶可以這麼簡單、這麼年輕！

本身是製茶師的王明祥說，其實在尋茶之旅中，他和團隊踏遍美麗寶島的每一個茶區，不但遇到了樸實親切的茶農，也發掘沿路上所遇到的當地特產，可以跟茶一起作搭配，意外地好喝！南投埔里的玫瑰花，能烘焙出荔枝香氣的茶；彰化花壇的茉莉，讓精緻的香片重現；而斗六的柚子花，也被他收納在茶香中。

店裡的每一款茶，都是台灣土生土長的，連立體茶包都特別採用耐熱尼龍，以食用級大豆油墨製成的標籤、加長棉線，就是要符合七三茶堂的理念——讓顧客安心喝茶、體驗人生中簡單的美好。為了美味與安全，還堅持跟對的人、做好茶園管理和對品質有所堅持的農夫合作，每次茶園採收皆親自勘查和參與製作，嚴守國家農藥殘留安全檢驗標準，以及嚴格品評，篩選出優質的茶葉並烘焙出風味絕佳的成品。

重現阿里磅紅茶

七三茶堂除了自製甜點、鹹派和三明治外，還跟文創品牌甜宇宙合作開發出茶餅乾。店內供應石門鐵觀音、阿里山高山烏龍、金萱、蜜香烏龍，連花蓮蜜香紅茶及三峽的碧螺春皆供應冷熱飲，為了不忽視愛咖啡的族群，七三還別出心裁地找到二水的有機黑豆，仿二次大戰時因咖啡物資缺乏，用烘焙後的黑豆、黃

七三茶堂自創輕食，會隨季節變換菜色。

豆混合咖啡豆給士兵喝卻沒被識破的假咖啡，即黑豆鮮奶妙媞（milk tea）。

值得一提的是，王明祥跟著長輩的腳步，尋回原本在金山山凹處種植的阿里磅紅茶，在平埔族語意指「靠海的山凹處」，原來在四、五十年前就有遺留茶樹和農場在金山石門一帶，王明祥讓阿里磅紅茶回歸重現。

現在在七三茶堂預留的空間裡，開始走向美國「創業者咖啡」的模式，空間可以跨界合作，辦講座或藝文類的活動，讓有志一同者，因為共同的出發點「簡單美好的生活」的緣分相互支持，而未來有更多更多的故事，就留給那三分空間去訴說。

找好茶

七三茶堂

地址／台北市信義區忠孝東路四段 553 巷 46 弄 16 號 1 樓
電話／（02）2766-7373
營業時間／12:00 – 21:00

冶堂

生活即是茶　茶即是生活

在台北要找茶，很多人的首選是永康街，因為永康街有各式各樣大大小小的茶行或茶館，說是一級戰區也不為過；捷運東門站開通後永康街人潮更多、觀光客也多，可是卻有人開門做生意，並不希望有太多顧客上門，這位特別的茶堂主人就是冶堂的何健。

見到何健本人，很難不喊他一聲「老師」，總覺得喊他老闆太庸俗、叫何先生又不夠尊重，雖然何健老師一直說「不敢當」，但我總找不到更適合的詞彙，還是就以老師稱呼他。其實，與何健老師對談前，心情一直很緊張，擔心自己在茶領域有很多不足。

但是一見到何老師、加上他開口講話，心裡七上八下的石頭統統放下了，因為老師給人如沐春風的感受，而且談話內容就是「生活」，對他來說，喝茶就是解渴的飲料，再自然不過，天然的好茶葉、加上適合的沖泡溫度，濃淡涼溫，只要是適合自己的、喝了喉頭不緊縮，那就是好茶。

冶堂就是何健老師的工作室，沒有茶席，奉茶也不收茶資，但他不以此招攬客人。把老舊調配科學中藥的藥櫃當作沖茶工作檯的何健老師，不急不徐地為我們沏茶，希望我們在他這個隨意空間裡輕鬆攀談，自自然然，就很愉快。何健老師說，很多人說「慕名

而來」，其實他不喜歡，因為這是虛名，他很歡迎透過他這個小空間，聊茶和台灣文化，透過奉茶待客，得到心靈的沉澱；透過擺設，感受體驗到生活的簡單滿足，沒有牽絆和負擔，就不會有疲累感。

透過喝茶　領悟人生

小時候，家裡面的經濟條件沒有很好，但每天早上，媽媽總會在大瓷壺裡泡上很便宜就能買到的茉莉花香片，小男生總是調皮，一整天玩累了，回到家就會對著壺口咕嚕咕嚕地大口喝個過癮，除非有客人來，才會換上新茶葉，這就是何健自小對茶的記憶，水壺一直是滿滿有水的，有點顏色，有點滋味。

一九八五年得過全國茶藝比賽首獎的何健，總有朋友催促他開茶館，但他認為，開店只是為了做生意，把自己放在那種高度又太有限，於是以工作室之名，推廣茶文化；但愈是進入茶領域，自己就愈謙卑，因為茶的領域實在浩瀚，他發現透過分享與學習，能得到的東西更深刻。從茶延伸到生活理念，只要每個人誠懇、認真地去做，就能讓大環境變得更好。

何健放掉金融業的工作，專心學茶、看書、寫字，專門研究茶文化，因此將工作室命名為「冶堂」，就是給自己的空間起一個名字，在這裡陶冶、冶鍊自己，在茶中學習、樂在茶中，了解茶為何有不同的種類和差異性，如何使用更好的器具把茶泡好，以及茶具的發展與變化，一路走來都是學習知識和歷史。

善待環境　良性循環

面對大環境充斥著劣質的食品、不當的加工或把有害物質吃下肚，何健認為認真經營的人應該被找出來，讓別的店家見賢思齊，唯有消費意識提升，社會才會跟著發展與進步；大眾的消費並沒有錯，但若是無知，自然就沒有品味；未必安全就不美味，營養與否跟安全是不一樣的。

像他認為，如果你常喝茶，喝到好茶，味蕾自然而然就會告訴你「這杯是好茶」，便能清楚分辨過甜或加料過的茶飲料，而這些不自然的飲料，雖然沒有立即致命的危機，但累積在體內總是不好的。因此冶堂選擇與契作茶農合作，發掘自在、良性栽培茶區裡的茶葉，就連店內販售的陶瓷器、布和竹子，都是合作多年的老友所製造的，沒有互相簽訂任何契約，也沒有量的約束，雙方都同意「有空我就多做一點」，何健的態度也是「有貨我就賣，但不去推銷。」

我問何健老師，為何能如此自在？何老師說，是從茶那兒學來的，他曾一度努力想扮演好賣茶的角色，即使客人沒購買也沒關係，但後來他發覺自己還是有瞬間的壓力，這壓力來自於客人最大的認同是「購買」，因此沒有購買這件事，變成他沒得到認同的糾結。經過兩、三年的磨練，他才能真心送走客人，因為他已盡了最大努力，對得起廣大消費者對他的認同。

另一個重點就是合不合適，買了不合適的茶是一種浪費，更大的浪費是自己的心力，說不定另外有人更需要這項東西，卻被不需要的人買走了，這才是浪費。還有，怎麼去關照自然、維持友善平衡的關係非常重要，我們沒有力量或權力去破壞子子孫孫的資源，這也是從「茶」得到的啟示。

泡茶簡單　適合即可

何健老師說，泡茶的基本步驟有很大的學問，可以簡單也可以不簡單，首先，不要給自己做不到的理由，只要在意一杯好茶到底是什麼味道即可。像蓋杯就很容易使用，是一個最簡單的沖泡器，可以是馬克杯或玻璃杯，放少量茶葉，將熱水沖進去，就這麼簡單，隨喜好調整，濃度、溫度中和，自然就好喝。

喝茶就是喝浸出物，好茶就是浸出物含量多、滋味是豐富的，如果丹寧和咖啡因過多，就會有澀味，口腔表面會收縮甚至緊繃；好的茶湯會讓你生津解渴，生理就自然有解渴的現象反應；苦後回甘是好的，代表這茶有活性；不好的茶會讓你感覺麻麻的，喉頭乾燥、口腔不舒爽。

何健老師的茶至少有五種，像凍頂烏龍茶、高山烏龍茶、木柵正統鐵觀音、文山包種茶和福爾摩沙烏龍茶，這些茶就跟老師一起在這五十坪大的老公寓裡，和師母每日插的花，靜靜地等候有緣人上門造訪。下

冶堂店內陳設古意簡樸，還有花藝展示。

次經過冶堂時，如果發現二扇門是開著的話，代表歡迎造訪，不如上前跟老師聊聊請益，相信你一定會有不同的體會，對茶、對人生，都是。

找好茶

冶堂

地址／台北市大安區永康街31巷12弄5號
電話／（02）2356-7841
營業時間／13:00 - 20:00（週一公休）

京盛宇
茶

京盛宇

實驗風格小茶吧　書店散逸茶味香

有一種動力，在年少時候醞釀，出社會後發酵，將十數年來積累的力量及信念，用盡全力發揮出來。就像茶樹一樣，經過數年的生長，吸取日月精華和大地的養分，將最好的精華成長為優質的茶菁，再經過製茶師的巧手，萎凋、揉捻、發酵……變身成為略帶苦澀但餘韻甘甜迴盪的一壺好茶。

這歷程就像京盛宇創辦人林昱丞，民國七十年次、畢業於台灣大學法律系，在高中時期某次和表哥翹課去喝茶，卻喝到一壺改變他人生旅程的好茶。無論是學生時代，或者退伍後的幾年時間，他在不同的國家停留，卻不曾忘卻在學生時期養成的喝茶習慣，總是帶著全套茶具，跟著旅行過眾多城市。

在不同的國度和城市裡，林昱丞習慣找一個舒服的角落坐下，也許是時髦的咖啡店，或路邊的長板凳，又也許是昏黃的小酒館，閉上眼靜靜地留白，體驗這個城市，它的背景音樂、生活步調，和特殊的氣味。在時間彷彿靜止的時刻，他總會有股衝動，想拿出背包裡的茶具，泡杯好茶，讓美好時刻，隨著茶湯的韻味而延續。

回到台北，林昱丞最熟悉的城市裡，他希望除了咖啡香之外，還能有樣東西來展現這裡的美好。不同於一般年輕人選擇咖啡店做為創業起點，林昱丞選擇「茶」成為終身志業，決定投身尋茶、製茶的產業，更特別的是，他從高中時代就開始收集紫砂壺，常跟表哥去各大茶行試茶、喝茶，完全不像時下青年跑趴、上夜店。

台灣茶自然甘甜　是上天恩賜的寶物

個性沉穩的林昱丞，常常聽外國友人說，「台灣有誠品書店真好，其他國家都沒有這麼棒的書店。」，他總是會補上一句，「台灣有台灣茶更好，因為這是全世界最好的茶！」。林昱丞認為：「台灣茶是這座島嶼對台灣人的恩賜之物」，在這個美麗的寶島上，如果隨時能喝到自然甘甜的台灣茶，應該是最舒服美好的體驗。

因此夢想中的畫面，真的實現了，林昱丞和學長、友人集資，開創了台灣茶品牌「京盛宇」，選擇誠品敦南書店成為第一個百貨櫃點。在那不但買得到來自台灣各個產區的好茶，林昱丞還以「Taiwanese Tea House」的概念出發，打造台灣茶的時尚新風貌。

林昱丞說，他知道很多人不會泡茶，覺得喝茶是

林昱丞創辦的京盛宇，導入年輕人的創意。

傳統、老派的行為；很多人覺得茶苦澀難喝、或覺得喝茶這件事很難；有更多的人覺得自己喝不懂茶，但是在京盛宇，喝一杯茶真的可以很時尚！

沒有傳統茶藝館的古色古香，也沒有傳統茶行的刻板，在誠品敦南店林昱丞以極簡現代的清水模茶桌，及實驗室概念的專業茶吧台，以天秤精準秤量茶葉重量、加高水龍頭高壓沖茶，更堅持用紫砂壺沖泡一杯不加糖就非常甘甜的好茶，在一杯杯無糖的茶飲中，先聞得到美好的香氣，再喝下溫潤的口感，身心靈也隨之舒暢。

喝茶容易　簡單不麻煩

「我們不會跟你說很多發酵程度、烘焙程度、海拔多高、茶園在哪裡，你不需要了解這些艱深的茶葉知識，但你可以安心喝到一杯好茶！」林昱丞自信地保證，店內完全使用台灣產的茶葉，並且每一杯都堅持用「紫砂壺現泡」，你喝到的每一杯茶，完全沒有加糖，但甘甜無比，沒有香精，口腔卻溢滿了茶香！

每一種茶葉的美好氣味，都有專屬它自己的顏色，所以京盛宇選擇透明的隨身瓶，來裝載土地的氣味，除了味覺的感受，和「看得見的味道」，對台灣茶的理解其實可以很簡單，就像香水的前味、中味及後味一樣，各自有不同的味道，前味嗅聞、中味則是茶湯在口腔中的味道觸覺、後味便是喝下後的喉韻回味。

其實，林昱丞還有個雄心壯志，想讓大家知道喝茶是簡單又時尚的事，他的目標是將京盛宇變成茶界中的「星巴克」，讓單純的美好飲品，開創茶文化，進而帶動生活的風格。他認為，近幾年的毒物事件是個重大的反省，希望製作食品和飲料的生產者，能本著良心和初衷，

帶給消費者更好的生活水準，不要為了營利而違背良心。

在這個講求快速效率的時代，相較起來傳統茶道跟現代茶道差距很大，但林昱丞找來年輕店員加以訓練如何泡出好茶，因茶葉品質占70%、沖泡技術占30%，只要訓練得當，年輕人也可以泡出好茶，就像是種子，可以讓喝茶這件事開枝散葉。

人本自然　感受茶的姿態與美好

京盛宇茶飲單價跟坊間手搖茶比起來真的高出許多，價格真的也很「星巴克」，但林昱丞想幫台灣茶找定位，不只是解渴而已，在意品質、氣味和形象。如果你點用熱飲，店員會讓你使用馬克杯喝茶，

京盛宇

並擺上精油燭台、在擴香盤鋪上茶葉，以小小的燭火烘焙出茶香。

茶香可以喚起很多記憶，與人相處或獨處時，用茶來填補會很有樂趣，因為每一泡茶的起承轉合都不同；每一種茶都有獨特香氣，像清新烏龍有蘭花香、金萱則有牛奶糖味，四季春是梔子花香，茶因為品種、風土和製作工藝才能呈現出來，好喝的定義是本身散發出來的微甜也不磨口腔，如果不甜那喝水就好。

目前京盛宇和具有四十年經驗的製茶師傅合作，生產二十三種茶葉、販售十九款飲料。在經典茶罐的設計上，依據不同的自然風貌和製茶工藝，主觀地將氣味分成四種，並且用四種顏色象徵不同味覺感受，清香系列、熟香系列、特殊風味、窖藏系列中，各有不同的品嘗重點，有些是土地的姿態與樣貌；也有些四季的更迭與變幻；有些更喝的到製茶工藝的樸實與誠懇。

未來林昱丞想先讓台灣茶找到一條出路，不再只是伴手禮而已，改變茶產業，傳承跟保留當代的好茶，雖然一泡茶的生命精華只有三至五分鐘，但這麼簡單，就是生活，自然的東西喝久了，身體本能會拒絕不自然的東西，讓每個人都能隨時隨地，完整地體驗台灣茶，在每一次的味覺體驗中，窺見台灣茶道文化的寬廣、深遠，以及無限的美好。

找好茶

京盛宇

地址／台北市大安區敦化南路一段 245 號 B1
電話／（02）2775-5977#621
營業時間／11:00 – 22:30
其他分店資訊請洽（02）8712-0019
www.prot.com.tw

連記茶莊

鹿野高台上飄散的茶香

當台灣各地掀起一陣熱氣球瘋時，台東縣的鹿野高台在暑假期間也不落人後，舉辦了熱氣球嘉年華及一連串的競技運動，讓鹿野高台擠滿了人潮。在激情褪去之後，多少人還能真正發現台東田野間的美好呢？不妨造訪台東鄉野林間的連記茶莊，喝上一口純淨無污染的好茶，品味憩靜人生。

連記茶莊的女主人連婀娜在二十多年前從台北嫁到台東，夫唱婦隨地繼承了近半世紀的家業——製茶工廠。學會計出身的連婀娜從完全的門外漢，開始認識這塊純淨的土地、合適的土壤與氣候，學習如何種茶、摘茶、做茶、批發，從田間辛苦的揮灑汗水，到了解茶葉、愛上喝茶，下了不少的功夫。

可惜夫婿早逝，在連婀娜三十八歲那年，她就獨自肩負起扶養兩個兒子的責任，還要扛下製茶工廠的大小業務，包括研究、經營及批發；到後來開民宿的瑣碎事務也要她事必躬親，一刻都不得閒，但是連婀娜不喊苦，因為這是唯一還能和先生連結，一起去完成的夢想。

製茶廠早期的業務都是以代工或

批發為主，銷售給茶行或茶商，比較沒有成就感，於是她開始朝自創品牌的方向邁進。起初缺乏行銷管道，她就參加台北的世貿展，到處推廣茶葉；只要有人踏進自家的茶莊，她就奉上一杯好茶，侃侃而談茶葉的好處。

茶　愈夜愈好玩

會開設全台東第一家合法民宿，也是因為連婀娜認為「茶葉的夜晚最豐富」，客人難得上山一趟，不如給他們一個舒適的空間，能優閒地留下，體驗製茶過程，不必為了住宿的問題跑來跑去，進而讓找茶、喝茶變成生活的一部分，實踐樂活美學才對。

因此她在茶莊旁開了民宿，一共有五間，分二人、四人和六人的房型，收費從二千、二千四百元到三千八百

把茶文化和民宿結合，溫馨茶香滿溢。

元不等，需要提前預定；至於最吸睛的茶莊，古早味的環境全由連婀娜一手打造，簡單的小庭園，綠意盎然，仿古的窗花，以大面的透明玻璃鑲嵌，往外就能看見庭院的小布置。

茶莊內全使用木頭質感的桌椅，而舉目可見的石頭、木頭和古玩意，都是連婀娜慢慢累積而來的收藏，占地五、六十坪的大空間，可以坐滿三十位顧客，還有一個類似茶屋的吧台，則是工作人員準備區，熱水、溫壺、沖茶……茶香味就是從這裡飄散出來。

沉澱心情　與茶共處

連婀娜多年的製茶經驗，已讓茶成為生活的一部分，她說，泡茶是具有美感的，想泡茶的時候，心情自然就會沉澱下來，在擺茶具的過程中，就跟心境與美學有關，想泡出一壺好茶，自然就會花功夫；她也會跟前來尋茶的顧客聊聊，在等泡茶的時間，就能讓他們將心浮氣燥轉化成平靜安穩。

熟悉製茶過程的連婀娜說，從種茶、摘茶、萎凋、揉捻到乾燥，每一個環節都環環相扣，只要一步出錯，就做不出好茶，因此不管是當茶農或製茶，都是一門辛苦的行業，沒有好好地詮釋它實在是太可惜，連婀娜想努力推廣台東好山好水所生產出的好茶葉，卻無奈於地處遍遠，顧客造訪不易。

不過正因連婀娜以自家的有機茶園和嚴謹的工序，她的好茶在地方上漸漸闖出名號，老顧客回購率高，也會幫她介紹，還有日本媒體專程前來採訪。提到自家產製的蜜香紅茶，連婀娜充滿自信的表示，鹿野鄉位於花東縱谷，因為一年中只有夏季收成，年產量極少，十分珍貴，沖泡起來茶湯如琥珀色，自然散發花香，也喝得出甘味。

茶小綠葉蟬造訪　意外的驚喜

連婀娜說，蜜香紅茶是自然界和人類互助共生的產物。因為不灑農茶，有一年台東鹿野茶農在種植金萱茶時，嫩葉被一種叫茶小綠葉蟬（Jacobiasca formosana）的昆蟲叮咬而捲曲，賣相極差，無法製成清新的金萱茶，因而決定製成全熟的紅茶，就在茶葉烘焙成紅茶的瞬間，茶葉散發出令茶農驚訝的芬芳花香，泡起來更有一般紅茶所沒有的深厚韻味，蜜香紅茶就在無意間誕生。

就這樣茶農施行無毒農業栽培，茶小綠葉蟬也每年來造訪、叮咬茶葉，茶農因此能製作出優質的蜜香紅茶。連婀娜建議，沖泡蜜香紅茶時，將茶葉裝入茶杯約三分之一滿，若使用蓋杯則放置五分之一的量，以約九十五度的熱開水沖泡十至十五秒，立刻將茶湯倒出即可。

此外連婀娜還推薦自家的紅烏龍，因鹿野高台日照時間長，種植出來的茶葉很適合做重發酵茶，不傷腸胃、含高抗氧化功能的紅烏龍，有著比紅茶更深的色澤，也有一股悠遠的香氣，入喉不苦澀還能有回甘的喉韻，再搭配自家研發的紅烏龍手工茶餅，真是人生一大享受！

值得一提的是，連婀娜設計的生活茶禮盒，以環保為出發點，讓消費者能典藏或將罐子、包裝盒再度利用，節省能源不浪費，因此獲得二〇一〇年台灣茗茶設計競賽十大包裝獎的優質禮盒；她也準備再開發複方紅烏龍，以台灣野生的厚生種菊花搭配，更具明目退火的功效。而另款茶飲相映紅，則是紅烏龍加咖啡，以東方紅烏龍的韻加上西方咖啡的醇，顛覆傳統做出濾掛式的紅烏龍咖啡，邀請大家來品嘗東西方茶飲激盪出的火花。

找好茶

連記茶莊

地址／台東縣鹿野鄉永安村高台路 100 號
電話／（089）550-808
營業時間／11:00 – 21:00
FB粉絲專頁／www.facebook.com/lien.tea11

蓮記茶莊、客棧

易武正山
臻味
普洱
臻味號
特級
珍藏品
臻味號
易武正山
壬辰 2012
$2,000
臻味號特級
庚寅2010
$4,000
書法
壬辰 2012
$5,000
國畫
壬辰2012
$9,600

臻味茶苑

老茶 老厝 尋寶庫

位於台北迪化街的臻味茶苑，與其說它是茶館，不如稱之為尋寶庫。該棟建築始建於清代，是昔日永樂市場三大命理師林五湖故居，至今仍保留當時地磚、門栓及石門楣，古厝的第二進為木構架二層建築，並設有樓井，是傳統大稻埕店屋典型格局，現今仍由林家後代所持有，出租空間給製茶經驗已有三十年的呂禮臻經營，老屋、老茶、老物件，古意盎然，相得益彰。

林家後代代表人林正欣表示，一八五一年，祖先同安人林藍田從雞籠（基隆）移居大稻埕，於中街（今迪化街一段）建築店鋪三幢，為清朝閩南建築，店號「林益順」，與大陸從事貿易，是大稻埕的第一間店。其後由林江於建築物第二進開設「林五湖命相館」，致力於為地方居民解惑、服務，辛苦經營傳承至後代，經營多年直至今日（今已遷離），為當地人所熟知。

建築物第一進空間始終維持商業用途，過去曾作為打鐵、金紙買賣店面，而後由林家所有權人出租作為南北貨的買賣經營。第一、二進中間是庭院，旁邊有廊道相通前後進的屋子，中庭則有穿堂風吹入，非常涼爽；樓井則是從前老闆工作的地方，居高臨下，可一覽來客及伙計工作情形，亦方便大型貨物經輪軸進出。屋子的地基是用貨船的壓艙石打造，露出地面三尺，在地下則有六尺，總共約二・七公尺，非常牢固，歷經多次地震都安然渡過。

清朝閩南式建築　難得一窺見

林家古厝自創建後，神龕供奉相命師之守護神鬼谷子仙師、及伏羲氏持八卦座像，是難得一見的特色；同時是三連棟建築當中保存得最完整、唯迪化街僅存的三級古蹟，是具歷史價值的重要資產，「林五湖命相館」目前已遷往迪化街一段280巷7號，但林家祖先牌位及大房仍住在此宅，因此每年林家子孫都會回到祖厝祭拜先祖。

二〇一二年八月由臻味茶苑承租後，仍保留原有的木門，依照清代閩南式建築風格修繕，沒用到一根釘子，全憑老師傅巧手以卡榫固定。門口上的對聯「免費參觀古早厝，有閑請飲台灣茶」，出自茶苑主人呂禮臻之手，呂禮臻表示，他非常喜愛這棟老房子，加上店內販售的是台灣傳統的茶，古早加傳統，再適合不過。

而整間木造的古早厝內，舉目所及有新舊茶的各式產品、古老的銅製茶桶，都是呂禮臻幾十年來陸續收購的老東西，像是進門右手邊擺放數箱大型印有「春

芳」、「萬方」、「成源」或「Formosa Tea」的木盒子，有咸豐年間留下來的武夷岩茶、一九一九年德記洋行的正山小種茶，也有光緒年間超過百年以上的老茶，都是無價的寶貝。

茶葉適性烘焙　自有好風味

有幸喝上一杯早期傳統工序製作的老茶，正因多了一道以松根薰製的工序，即使已放置一百多年，仍保有濃郁的滋味。一九一六年時值台灣日據時代比賽獲得銅牌獎的烏龍茶，也仍具強烈茶味，呂禮臻說，能使茶具有香氣的物質超過兩百種，老茶在轉化的過程因環境、溫度、濕度和容器的差異，便有不同茶湯性質的呈現，有時味全、甘甜或苦澀，具適口性的就是好茶。

呂禮臻的製茶經驗已有三十年，「入火不傷品種味、焙乾去雜真茶香」是他身為茶職人的宗旨，他收購茶菁的基本條件是：了解茶農對自有土地、茶樹有沒有情感，如此製作出來的茶才會有質感，而他店內的茶款非常多元，以台灣茶為主，烏龍、東方美人、紅茶、凍頂和鐵觀音都是他推薦的首選。

每年遠赴日本教課、已教授十五年茶道的呂禮臻認為，茶葉經常是在不經意時，泡出最好喝的滋味，太刻意反而泡不出來。茶可分出很多歷史、經濟的層面，中國人已經喝茶喝了幾千年，同一年代、不同階層所喝的型式都不同，他認為，其實喝茶沒有對錯，只有口感與個人習慣；喝茶亦沒有好壞，只要找出屬於適合自己的位階，不一定要泡出一樣的濃度。

喝茶互動交流　莫忘真性情

一直致力推廣茶文化的呂禮臻認為，無論是早期的功夫茶、文人茶或現在的生活茶，用不同角度去認識茶，都是好事。尤其是在家裡吃飽飯，泡壺茶給父母親，讓家人透過喝茶交流互動，團聚在一起，表達心裡的感受或想法，而且喝茶互動的過程，把人跟人之間的好意展現出來，自然不做作，問一句「喝得慣嗎？」就是很好的溝通形式。

他也想提醒現代人，生活上本來就有很多幸福的事，只是大家因為想多賺一點錢或想太多而忘記自己擁有的本來就很多，千萬別忽略親情和友情的重要，呂禮臻用茶來連結情感，希望大家活在當下，忘卻煩惱、感受幸福。

找好茶

臻味茶苑

地址／台北市大同區迪化街一段 156 號

電話／(02) 2557-5333

營業時間／週一至週六 10:00 – 21:00
週日 10:00 – 18:00（只休除夕至初五）

網站／www.chen-wey.com.tw

二樓茶席採預約制，依人數收費

翰林茶館

以茶入饌　禪風導向

翰林茶館店內空間設計以講究自然的茶文化為主，利用器皿、插花、茶藝及裝潢打造出人文涵養，佐以沉穩低調的竹林色調為主軸。因為茶葉來自山林，承襲大自然陽光和雨露的滋潤；點茶則是貼近生活的藝術，不單單是一種飲料，而是將品茗當作一種生活態度和追求精神和諧的過程；而禪風是瞬間領悟的意境。

店內陳設以仿古風格為主體。

創辦人涂宗和非常具有童心，他投入繪畫、攝影和茶藝餐飲業經營，自一九八六年在台南成立第一家茶館，以紙燈籠、古銅漆木的仿古風格，帶動南部飲茶文化，同樣以珍珠奶茶引領風潮，並以黑白雙色的珍珠為招牌人氣茶飲，拉近茶與年輕人之間的距離。

早在一九七八年時，涂宗和就往茶山裡跑，跟著茶農生活，成為好友，進而接受茶業改良場場長阮逸明及吳振鐸等人的指導，以七年的時間學習製茶和識茶，投入資金，做壞了數千斤的茶葉，終於使自己的技術精進。他採買鹿谷等地新茶區、最佳海拔及日照種植出的茶菁，加上習得的焙茶功夫，烘焙出比賽茶。

涂宗和貸款六十萬元創業，在台南赤崁樓旁的民族路上開設第一家翰林茶館，當時店裡只有六張桌子，他賣起冷熱茶飲、茶葉，還推出滷味和豆乾等茶點，廣受歡迎。後來在某日逛鴨母寮菜市場時，看到有位小販以傳統工法製作粉圓，於是買回並加入奶茶中試喝，發現口味十分搭配，因粉圓外型與珍珠相似而得其名，從此珍珠奶茶帶起國內外的熱潮。

混珠奶茶　好吃好玩

翰林茶館的珍珠奶茶冷熱飲皆備，喜愛重口味的消費者可以點選以奶精沖泡的奶茶，喜歡滑順口感的人則可以鮮奶搭配茶飲製成鮮奶茶，翰林還推出黑白雙色的混珠，一次吃到大顆黑珍珠帶勁的嚼感，以及比西米露更有彈性、較不軟爛的彈口特製小白珍珠的「混珠奶茶」，不僅好看好吃又好玩。

隨著優質好茶大受歡迎及店點不斷增多，翰林於一九九三年成立中央廚房，投入餐飲業研發多元化餐點。伴隨台南古都的美食文化，翰林推出多款火鍋、套餐、特餐、釜燒和輕食，加上主打的茶飲，無論是調味茶或文人茶飲，在店裡都能一次品嘗，展店範圍也從台南跨足到中部及北部市場，至今全國至少有五十一家直營店。

提到翰林的麵食類，其中最著名的茶麵是以日本製麵古法和獨家工序，將鐵觀音高溫碳燒十八小時後，研磨成粉和入麵團，製成的麵條口感富嚼勁且茶香四溢；以店內招牌餐點豚骨雞腿茶麵為例，麵條加入以豬大骨加雞骨，精熬一天後過濾出的濃郁白高湯，搭配現炸的雞腿，就如同溫泉美食般，勾人食慾。

精緻餐點　人氣破表

精緻的餐點還有南部主打的烏龍朴子蒸鮮魚，以泡開的烏龍茶葉和醃漬過的破布子平鋪在新鮮鱸魚的魚身，再放進蒸籠清蒸，吃來魚肉鮮甜還有烏龍茶回甘的享受；燒烤花枝則由台南總公司保鮮配送，以維持最完整的新鮮海味；古早味炸雞塊則用豆腐乳和獨門醃料醬汁先醃過，再下油鍋酥炸，帶骨吃起來更有本土風味；滷味及麻辣燙已有獨立茶棧供應，人氣指數破表。

綜合麻辣燙的湯頭和醬汁是自行研發，以多道工序煉油炒花椒、蒜頭等調味料逼出香氣，再以獨門湯頭長時間滷製手工米血、老豆腐、板豆腐及鴨血等點購率最高的食材，還有多種新鮮蔬菜及麵類等多元化食材可供挑選，讓每口送進嘴裡的滷味都非常夠味。

翰林茶館各店店長的風格不盡相同，但都受過嚴格的訓練和熟悉標準化流程，像其中的插花課程就能使每家分店的布置有不同感受。翰林台北誠品店的店長示範了文人茶泡法，從熱水溫壺、倒進茶葉、注入熱水，將茶海中的茶湯靜置於葵花杯中……一連串流暢的過程，使我們的心境也隨之沉澱下來，慢慢地品嘗一杯色澤淡雅、香氣久久不散的阿里山烏龍茶，也感受到來自南部那一股濃烈的熱情。

找好茶

翰林茶館 — 台北誠品西門店

地址／台北市萬華區漢中街 116 號 4F（台北誠品 116）

電話／（02）2375-3689

營業時間／11：30 － 22：30

網站／www.hanlin-tea.com.tw

其他門市請查詢 0800-245-189

設計時尚的生活茶學

No.68
Pai Mu Tan
No.1
Assam TGFOP1
No.12

61 NOTE SHOP & TEA

小巷弄裡的溫馨設計風

有種緣分，讓你踏上異國土地卻有似曾相識的親切感，不但愛上它，也願意停留在此扎根，61 NOTE SHOP & TEA的老闆就是如此。老闆東泰利，來自日本大阪，他來台灣學語言，不但遇到人生伴侶，也在這裡開了一間自己喜歡的設計風小店，順便賣茶和販售自己愛吃的甜點，興趣、工作與生活緊密連結，再幸福不過。

台北市捷運中山站商圈有許多走設計風或手作的精緻小店，別再只是到附近晃晃就好，不妨往店家「高雄木瓜牛乳」的方向再多走一點小路，就能看見一棟黑色小屋位於三角窗地段，白色的招牌用黑體字寫著 61 NOTE SHOP & TEA，沒錯，就是它了，放心大膽地推開門走進去，你會發現裡面別有洞天。

61 NOTE SHOP & TEA 店面區分為一樓和地下一樓，一樓的座位數不多，另一半的空間還區隔出販售設計小物的區域，以進口的生活用品和包包居多，沿著右手邊往地下室走，首先會看到一個展示空間，裡面不定期更換來自日本工藝設計師的陶、瓷器；另外一半則是能容納較多人數的座位區。

店主人東泰利來台灣已有八年的時間，會說中文跟客人互動，略為靦腆的他，對於開店倒是很有自己的想法，代理進口的生活用品品牌完全是自己用過而且非常喜歡的物品，大多以日本、德國及歐洲的手作用品為主。「平常用的東西一定要好看、好用，簡單和實用合而為一，才有意義。」，東泰利如此肯定地說。

茶、咖啡、輕食及生活用品是這裡的主要核心。

好用耐用　個人專屬

東泰利愛買東西，從高中時開始打工，二手手錶、衣服、家具和雜貨等，只要有空閒時一定跑去逛街購物，也經常跟店老闆聊天，因此對「好東西」有了自己的定義：別因為東西漂亮而捨不得用，無論是陶、瓷器或棉麻衣料，使用過後會有痕跡，那是專屬自己的印記，常用才知到它的價值在哪裡。

「就像棉麻衣服也要穿過、洗過之後才會更合身」，東泰利繼續說明，「說不定這件成品本身只有八十分，經過使用、感覺舊一點更有味道，才能打造出屬於自己一百分的風格」。因此店內使用的餐盤、餐具都是自己愛用的品牌；店外種植小樹的可移動式植物袋品牌 BACSAC，不怕車子碰撞壞掉，也是遠從法國進口，覺得好用才會推薦給客人。

開店快滿五年，有十幾個來自各國的品牌在輪替，手工製作的東西都需要時間，但值得等待。來自德國的 **REDECKER** 的駝鳥毛刷，原本只是店內自用，結果因為客人的詢問度太高，乾脆進口來賣；而從日本進口的TEMBEA包包也是布料耐用、設計簡單，東泰利本身就擁有TEMBEA的六、七個托特包。

簡單雋永　對喜愛的東西堅持講究

「買東西前我會先想，十年後是不是還一樣好看耐用，所以我發現線條愈簡單的東西愈雋永，真的很耐用」。地下室特別分隔出來的展示區塊，則是以常設展的概念，皆是回日本找低調的工藝師或木工大師的作品，青木良太的獨門技巧所製作的霧面杯盤、加藤良行具美感的木製品……，常客幾乎都會專程回購。

秉持著自己喜歡的東西才分享給消費者的理念，複合式的店裡也供應自行料理的餐點和甜點，像是東泰利小時候在日本常吃，但在台灣卻很少見的烤甜薯，是日本麵包店一定會賣的甜點，日本還有烤甜薯專賣店，製作過程至少要烤五十分鐘以上，雖然非常麻煩，價格卻是最平易近人，只在週末供應。

同樣少見的紗布起士蛋糕也是東泰利親手自製，祕方原料從日本和法國進口，製程需要三小時以上，有淡淡的牛奶香和慕斯般的綿密口感，因為用紗布瀝乾水分，形成自然的紗布紋路，這款甜點會搭配時令帶酸味的水果。至於茶館賣的茶則有MUSICA、小茶栽堂與日月老茶廠等三個品牌。

東泰利說，有機紅茶在日本的售價非常昂貴，在台灣的紅茶價格卻便宜許多，天天都喝得起，加上日月老茶廠的經營理念和日本人做事講究與堅持的風格非常接近，無論是阿薩姆紅茶或紅玉（台茶18號）的味道都很好，價錢也合理，因此成為店內主打的茶飲。

找好茶

61 NOTE SHOP & TEA

地址／台北市大同區南京西路64巷10弄6號
電話／（02）2550-5950
營業時間／週日、週二至週四 12:00－21:00
週五、六 12:00－22:00（週一公休）
FB粉絲專頁／
www.facebook.com/pages/61note/146703125380696

TEA
Taipei

eslite TEA ROOM

法式典雅裝潢　台式料理可口

台灣人生活中不可缺少的誠品書局，有著來自各國豐富的書籍、文具，及生活用品，商場中還有美食街各式料理名店的進駐。誠品帶給大家全方位的服務，其實在餐飲方面，還有自己專業的經營團隊，默默地提供美味料理服務，地處樓層一角的 eslite TEA ROOM 就是隱藏版的美食殿堂，除了美味料理外，還有國內外的好茶，看書看累了，不妨前往一試，絕對有不一樣的驚喜。

位於台北信義誠品的 eslite TEA ROOM 正對著一〇一大樓，視野極佳。裝潢以精緻華麗的燈飾、白色古典家具和華麗的盆花擺設，建構起法國路易十四的皇室風格。整體設計空間出自於大師陳瑞憲之手，餐廳緊鄰誠品書店的美食、歷史人文和建築書籍區，讓沉浸在紙上佳肴的讀者們，到了飢腸轆轆的用餐時刻，或是下午茶時間，只要走幾步路，馬上就有一處優質飲食的空間，讓你立即體會舒適的法式氛圍。

誠品書局董事長吳清友非常重視情境與氣氛的營造，並注重小細節的細緻之處，但又不刻意營造華麗感，想給造訪者一派優雅輕鬆、愜意喝茶的好去處，加上其弟吳明都是餐飲業的高手，因此在 eslite TEA ROOM 所供應的，無論是台灣茶、進口茶、葡萄酒、下午茶，甚或是餐點的食材，全部都由團隊遍尋各地精選食材，因此也吸引了信義區外商公司的員工前來用餐，連住在 W Hotel 的德法外籍客人都會一再造訪。

嚴選台茶　令人想念的滋味

仔細看看櫃台部分，會發現誠品嚴選，位於海拔

一千公尺以上的高山茶園，限量推薦的台灣茶，其中最受陸客歡迎的阿里山高山茶，因為茶分四季採收製成，各有不同滋味，無論是內用單點一壺熱茶，或是外帶單買茶葉都非常受到外籍人士的喜愛。

除了杉林溪春茶、鐵觀音春茶、大禹嶺冬茶或梨山翠峰春茶，都是特別和茶農合作，店員更推薦市面上少有的民國一〇二年的阿里山石棹春茶，濃厚又甘醇的茶湯滋味，喝過還真的令人想念回味。

eslite TEA ROOM另外也有幾款外國好茶以及人氣餐點，以自行代理進口的法國百年品牌HEDIARD為例，該茶廠擁有百年製茶的傳統，篩選自東方著名茶園所採取的茶菁，生產各種茶款，除了經典的紅茶，還有巧妙融入水果及花卉芬芳的調味茶，不僅有多種選擇，還以最純粹的味道，展現茶的精髓。

人氣居冠的喬治五世茶，是以產自斯里蘭卡西南區高海拔的錫蘭茶葉為基底，再以水果烘製出花草般的清香，色澤呈現美麗的金黃色，口感溫和細緻；排名第二的則是特級的伯爵茶，喜歡喝進口茶的人一定對這鮮紅色的罐子不陌生。eslite TEA ROOM的下午茶組合也有brunch的概念，因此經典三層塔的點心中，除了鹹點、甜點、馬卡龍、司康、三明治外，還有培根和水果，非常豐盛。

有機天然食材　味美料鮮安心

其次要特別介紹的當屬餐點料理，eslite TEA ROOM以法式觀點解讀「綠餐桌」概念：將綠意元素融入典雅氛圍，將空間設計轉化為餐桌食有，以細膩手法展現食物最樸實的天然滋味，走向健康有機的樂活之路。

只選用在地當令食材，因為相信小農虔敬謝天的精神，加上四季的陽光、微風、雨水和土地，所栽種飼養出來的，就是最原始的天然滋味。在這個充滿食安危機的時代，採用零污染的有機蔬菜、天然穀物飼養的肉類，就是要讓顧客吃得安心，並因美味的感動而感謝大地的賜予。

點一份 *eslite TEA ROOM* 的午茶套餐，享受美好時光。

像是香蒜辣椒牛肉關廟麵，是二〇一二年誠品到香港開店而紅回台灣的一道料理，創作靈感來自台灣到處都有的牛肉麵，以義大利式的料理手法來表現台灣關廟麵特別以天然日曬的手工製程，表現出彈口中帶嚼勁的特色，採用清炒作法加上牛高湯，以香蒜辣椒和洋蔥提味，加上手工純釀醬油和風乾番茄增加口感層次，而主角牛肉，則仔細精算切成一口大小，不必動用到刀具，就能一口接一口吃得很優雅。

下次來到誠品，別忘了特別到 eslite TEA ROOM，體驗由他們誠意推薦並營造出一個結合知識、人文與味覺饗宴的獨特空間。

eslite TEA ROOM

地址／台北市信義區松高路 11 號 3 樓（誠品信義店）

電話／（02）8789-3388 ext.3324

營業時間／週一至週五 11:00 – 22:00

週六、日 10:00 – 22:00

菜單依季節變換，請以現場為主

其他分店查詢 www.eslitegourmet.com.tw

SALON DE THE de Joël Robuchon

法式殿堂裡的藝術精品

位於台北市知名貴婦百貨公司 BELLAVITA 三樓的米其林三星甜點沙龍 SALON DE THE de Joël Robuchon，以低調奢華的紅黑相間色調裝飾整體空間，看似沉靜卻又充滿現代設計感，從門口開始就有鮮豔的巨型裝置藝術吸引目光，精緻的甜點不斷地招喚著你，一定要前往品嘗不可。

走進 SALON DE THE de Joël Robuchon 往往會被這紅黑時尚色調所震攝，往左手邊方向走去，首先會看到開放自助式的麵包櫃，貼心地提供試吃服務，可以自行選取喜愛的口味，接著是擺放各式蛋糕甜點的冷藏櫃，另一排是多種常溫蛋糕和餅乾甜點的櫃台，其後則是座位區。

豐富的下午茶套餐，滿足視覺、味覺雙重感受。

自二〇〇九年開幕到現在，SALON DE THE de Joël Robuchon 最受歡迎的莫過於下午茶，二〇一五年更推出全新內容的雙人下午茶套餐，延續法國經典人氣甜點組合，包含十到十五款令人難以抉擇的精緻法式明星級蛋糕甜點，如經典蒙布朗、覆盆子巧克力塔、藍莓塔等，搭配 Joël Robuchon 的招牌三明治，結合口感濃郁綿密的酒漬 BABA，與酥脆手工餅乾；飲料則可搭配嚴選咖啡或是由 Staub 的鑄鐵壺沖泡出的清香茶款，內容相當豐富。

為了搭配本次的雙人下午茶套餐，特別推薦可以回沖的東方美人茶，也就是白毫烏龍，此款茶葉尾部帶灰白色，由輕火烘焙，茶湯呈現琥珀色及淡淡的水果香氣，十分受到外國顧客的喜愛，最適合與帶有新鮮水果的甜點作搭配。

另一款招牌茶飲「皇家結婚進行曲」，則是混合了錫蘭紅茶及阿薩姆紅茶再薰香調味，喝來有焦糖香氣和太妃糖的甜味，和鮮奶最為速配，嗜甜的朋友也可自行酌量加入少許的糖，這款茶飲也很適合與店內的甜點搭配。

台灣甜美水果　甜點創作靈感來源

提到SALON DE THE de Joël Robuchon的正統法式甜點，有位非介紹不可的靈魂人物，就是第一名廚高橋和久（Kazuhisa Takahashi），高橋和久原本執掌日本東京的LA Boutique de Joël Robuchon，從二〇一二年開始來台獻藝，他對台灣的水果如芒果、甜瓜和荔枝……愛不釋手，甜美多汁的水果成為他的靈感來源，提供更多的創作能量釋放於甜點之中。

出身於千葉縣的高橋和久，對甜點有著高度的熱誠，自甜點師傅最嚮往的夢幻進修殿堂 Ecole Tsuji 畢業後，便投身於糕點中，潛心研究各式食材及甜點。二〇〇五年，年僅二十六歲的高橋便獲得世紀名廚 Joël Robuchon 的賞識，進入侯布雄體系掌管日本惠比壽、六本木、日本橋和丸之內四間分店的最高甜點行政主廚。

期間高橋曾至法國修習一年，並將法國對料理的傳統精神以及創意發想融入於作品當中；像是圓球狀的起士蛋糕，外加百香果內餡，從外型到口感都賦予了味蕾煥然一新的滋味，在日本大受好評。

另外，特別喜愛巧克力及新鮮水果的高橋和久，擅長將這兩種元素融入於甜點當中，除了堅持減少繁複的製作程序外，更以謹慎的態度對待每一種食材，製作出忠於原味的甜點，在經典與創意間取得完美平衡，傳承了 Joël Robuchon 的料理精神，讓台灣的美食家就近體驗「當東方遇見西方」的法式美味。

正統法式血統麵包　呈現銀河浩瀚學問

SALON DE THE de Joël Robuchon 對於傳統的法國麵包也有相當的堅持，二度邀請擁有「太陽之手」稱號的中村友彥（Tomohiko Nakamura）掌管法式傳統麵包的品質，帶來法式經典的道地口感。中村友彥針對台灣的溼度、氣候，調整適當比例、創新改良口味，讓台灣的消費者可以享用自法國及日本空運來台的頂級烘焙烤箱及小麥粉，所做出來的現烤法式經典麵包，領略米其林星級的幸福滋味。

中村友彥非常喜歡麵包，十幾年前便立志成為大師的門徒，希望能做出道地的法式麵包，呈現給同樣熱愛麵包的客人。「從只是愛吃麵包，到你真正的發現要製作出完美的麵包，那是如同銀河般浩瀚的深奧學問，在 Robuchon 裡我看見了法式料理的精神，那是出自於細節的完美。」在不停地鑽研及開發下，中村友彥至今可做出超過三百種的麵包及甜點，相當厲害。

找好茶

SALON DE THE de Joël Robuchon
侯布雄法式茶點沙龍

地址／台北市信義區松仁路 28 號 3 樓（BELLAVITA 寶麗廣場）
電話／(02) 8729-2626
營業時間／週日、週一至週四 10:30 – 22:00
週五、六 10:30 – 22:30
網站／www.robuchon.com.tw

Salut Tea Salon 灑綠茶館

嗨！來我家喝杯茶吧！

Salut 是法文「嗨」的意思，是熟識朋友之間打招呼的用語。Salut 開在離鬧區不遠但又隱身在台北東區安靜的巷弄內，已有十年以上的歷史，是間老字號的法式茶館，胡桃鉗人偶一左一右地在門口站崗，等著歡迎客人光臨。

Salut 充滿著家裡沙龍客廳的自在感。

具有歐洲華麗風格的Salut灑綠茶館，店外的色調主要是綠色、白色，是舒服又典雅的色調，一推開門就看見整片紅通通的茶葉罐牆，氣勢實在搶眼，順便成為店內最主要的裝飾，一旁還有歐式餐車放滿裝飾品。往裡頭走去，擺放了販售的下午茶用具、茶包，知名的Mariage Frères當然也有散茶可供販售，散茶就裝在那紅色茶葉罐裡，等你去挖寶。

Salut內裝飾的畫風以現代感為主，具有創新風格，大空間以白色的桌椅呈現低調的時尚，包廂內紅色沙發的質感，又具有中古世紀懷舊的溫馨氛圍，就像在自家的客廳裡招待客人一般，讓人完全放鬆心情，自在地聊天。菜單封面則承襲了和招牌一樣的綠色系，空氣中的茶香使人陶醉、茶味更令人驚喜，在這個讓人得以放慢腳步的空間，以茶飲展現出生活品味。

創店老闆非常低調，但他以和茶館一起成長的心情來經營Salut，打造成「家裡的沙龍客廳」，有在家裡接待客人的感覺，樸實又親切。店內到處可見的小裝飾或是木製音樂盒，是老闆出國蒐購的收藏，由於

由專人沖泡的茶飲，第一口到最後一口濃度一致。

本身愛喝茶，因此將店裡的裝潢融合法式浪漫風格，具有濃濃的英倫風情。

台茶紅玉　被法國茶香圍繞的本地茶

茶館內的茶飲雖以法國茶 Mariage Frères 為主，但其中來自南投縣魚池鄉唯一的一款台灣森林紅茶，異軍突起，為台茶18號紅玉紅茶，具有亮紅鮮豔茶湯，帶有果香的阿薩姆和錫蘭風味紅茶，獨占鰲頭。

知名的法國品牌 Mariage Frères 茶品有將近兩百種，最暢銷的約有四十種左右，每季或每年都會推出幾款新的茶品，甚至在特別的假日如聖誕節或情人節也會有應景的禮盒推出。為了不讓其他客人久候，假日用餐限時兩個半小時，且全天候供應輕食焗烤餐點及下午茶，平日星期一至五則是正常的下午茶時間，還分時段提供商業午餐及晚餐。

餐點由中央廚房製作、甜點則是聘請大廚自製，其中最吸睛的除了最知名的 Mariage Frères 上百種薰香茶葉之外，再來就是連 W Hotel 都供應的美國

Revolution 草本有機花草茶了，值得購買的還有自製的手工餅乾，以巧克力海鹽及開心果脆餅為人氣首選。

男女老少都愛的下午茶

在 Salut 喝下午茶，美麗的三層下午茶套餐，讓你不自覺變得優雅起來，茶品一上桌，都會有個綠色小茶套罩住茶壺，具有保溫作用，每壺茶還會配上小吊牌註明這壺茶的名稱，瓷器茶具則採用知名骨瓷 Wedgwood Narumi，非常精緻漂亮。

茶館外場四十多坪可容納六十人，另外有兩間包廂，其中一個大包廂可容納十至十二人，只要花費七個人的低消即可使用，小包廂則可容納六位，低消五人；個人低消是一壺茶，約一百六十元左右。比照法國茶館，男女侍者都穿著正式服裝來為客人服務，週末主客層多半是附近的鄰居、女性上班族及大學生，也有愈來愈多的銀髮族可以接受下午茶的模式。

下午兩、三點時人潮最多，平日多為附近的客人及貴婦，其中不乏政商名流、名人和藝人。Salut 的雙人下午茶套餐最受歡迎，三層架下午茶點心搭配兩壺茶就能讓人感到十分滿足，下午茶會隨季節更換口味，包含三明治、海鮮酥盒、蛋糕、水果塔、經典的馬德蓮、手工餅乾與義式番茄片。

除了下午茶套餐最為暢銷，第二名就屬鹹派，每日提供不同口味，分別以燻雞、培根、鮮蝦、時蔬及菇類為主，不以華麗外表取勝，反而以口感、底層的酥脆派皮，及具火腿和蔬菜的扎實內餡討人喜愛。而人氣也很旺的濃情巧克力蛋糕，有高達70%的巧克力濃度，加上堅果類及香草冰淇淋，讓你一口吃進三種不同口感。

每一口都是純粹茶滋味

這裡的茶不能回沖，因為沖泡時間皆計算過，讓顧客從第一口到最後一口都是相同的濃度和味道，不因茶葉浸泡過久而產生苦澀味。店家特別推薦 1854 和 BUTTER SCOTH，有香濃的茶香氣味；其他還有奶

茶、水果茶可供選擇，奶茶用奶水直接泡著紅茶煮，因此會有融合為一體的口感。

其中又以蘇格蘭、肯亞奶茶最受歡迎；紅茶類推薦 Wedding Imperial 皇家結婚曲，不需加糖卻有淡淡的焦糖香氣，充滿幸福的感覺；綠茶類推薦歌劇綠茶和法老王綠茶，輕烘焙容易入口；加了花香的果茶，相形之下雖然清淡，但花果香已深深焙進茶葉中、融為一體，容易觸動心靈某部分，特別充滿記憶的角落。

Mariage Frères 的薰香調味茶占了六成之多，也有產地茶，是銷售主力，因為知名度已打開，因此客人的接受度非常高，有更多的年輕族群開始喝茶，不僅簡單對健康也好；雖然 Mariage Frères 的春茶和夏茶的單價較高，但相對起來品質有保障，只要是在 Salut 喝得到的茶飲統統可以買到散茶帶回家。

Mariage Frères 又以散茶賣得最好，直接從鐵罐取出茶葉秤重，還可以客製化；茶包也很特別，是以具有古意的棉布茶包最受歡迎，讓茶葉的葉片能舒展開來，同時也販售濾網。另外還有特選禮盒，法式藍伯爵經典茶款以頂級紅茶為基底，再用佛手柑薰香成伯爵茶，並添加紫藍色的矢車菊花瓣而成，喝來柔順爽口，淡淡優雅的花香味，果然是送禮最佳首選。

店主人看好台灣的茶市場，希望顧客都能為了喝茶而來訪 Salut，證明台灣不只有烏龍或金萱茶，在這也能品嘗到歐洲的優雅品味。

找好茶

Salut Tea Salon 灑綠茶館

地址／台北市大安區仁愛路四段 266 巷 8 弄 2 號
電話／（02）2325-6878
營業時間／週四至週六 11:30 – 21:00
週日至週三 11:30 – 18:00
網站／www.salut.com.tw

smith&hsu

有時光故事的心靈茶園

smith&hsu 的創辦人許天璋是經營國際貿易起家，長期接觸餐具、家飾及家庭用品等商品出口的工作，因此培養出欣賞工藝品的品味；而令人激賞的各式實用的茶具器皿，則是找來許多設計師合作，打造出原創的設計款式。最重要的茶葉，更找來八大茶系、多達六十種口味的茶葉，東西方各種茶款應有盡有。

生長於基隆礦工家庭的許天璋，幼年時期每天送午餐和茶至礦坑給父親，當時他便發覺，茶可以讓甫出礦坑的父親和其他礦工叔伯們露出滿足笑意；多年後他周遊中國與歐洲之間，對茶的熱愛與日俱增，進而想開一間有兒時美好回憶的現代茶店。smith&hsu將品牌定位成「結合東西方茶文化的現代茶館」，以許天璋的姓氏hsu為發想，並以「&」結合象徵西方茶文化的smith，具有傳承之意。

二〇一二年開幕的台北衡陽店，是一棟具有折衷主義風格的三層建築，它是smith&hsu第六間現代茶館，以及品牌成立以來面積最大的旗艦店，以現代融合古典，同時能夠容納一百零九位客人在此品茶用餐的空間，並為愛茶人士提供茶葉、茶具和茶食商品的服務。

衡陽路堪稱台北市最具有歷史價值的街區之一，以街區內日治時期建造的折衷主義樣式建築而著名。當時衡陽路被稱為「榮町通」，是台北最繁華的商業區，如今依然矗立著不少保留原貌的歷史建築，展示這條街的昔日風華。

歷史人文元素　打造懷舊氛圍

在舊有的歷史氛圍中，為保有原建築和周邊環境的歷史感及人文元素，特別請來在瑞士、丹麥享有名氣的室內設計師Carsten Jörgensen設計操刀，訴說這間現代茶館的故事，在整棟房子的中間，沿著建築一側斑駁的牆壁，有著寬敞聳立的天井直通頂層。

燦爛的陽光能透過頂層的天窗灑落室內，牆面上裸露的粗糙磚塊、隨意生長的雜草，彷彿時光在此留

下印記。室內則清除老舊陳設，Jörgensen 選擇保留整面牆體，在牆面下半部豎立透明玻璃，作為中央吧台的擱架，呈現豐富紋理的牆面，和優美的自然採光，無論在哪個樓層都可以欣賞它獨特的美麗。

Jörgensen 說，這面牆代表整棟建築的生命軌跡，彷彿在講述著時光的故事。面對它時，帶來內心的平靜，與 smith&hsu 所追尋的靜謐氛圍的理念一致，並向這個建築曾經的過往致敬。許天璋認為，創新並不代表忘記歷史，應該是傳承與發展，更是他在宣傳茶文化時始終堅持的立場。

質樸材質的應用、簡潔設計和充滿感性的空間，富有層次的灰色水泥地面，純淨的白色牆面，堅固沉穩的白色大埋石吧台，簡潔的方塊型橡木家具，以及經典的設計師座椅 Y Chair 和 Eames 邊椅，營造出優雅精緻的空間，令來此品茶的客人能有最佳體驗。

茶罐試聞盤　客製化選好茶

值得一提的是，走到茶館三層的空間，斜頂所

帶出的高挑空間，讓人眼前豁然開朗，在 Jörgensen 的獨特創意下，這一區被打造成為將茶與藝術結合的 Tea Lounge，頗有工業廠房改造而成的畫廊意境，準備讓來自各地的年輕藝術家在此分享他們的創作。Jörgensen 更為此特別設計一款木質沙發，以木格柵為元素，猶如一個半開放的包廂，兼具私密和舒適性的座椅，營造出一片小天地。

無論到哪一家分店，坐定位置，服務人員會端上裝有各種茶葉的玻璃茶罐試聞盤，讓客人以嗅覺找出喜歡的味道，就算和不太熟的朋友一起，也可藉此產生更好的互動。茶館從開店之初至今均維持提供約六十款茶，分屬紅茶、綠茶、烏龍茶、花草茶、水果茶等八大系列，smith&hsu 雖然沒有專屬的茶園及茶場，但懂得引進好茶廠的茶品，在店裡喝到的每一款茶，都有廠商的檢驗證明，以確保品質。

特別要介紹的是 Cream Tea Set 英式酥餅午茶組，它是 smith&hsu 的招牌套餐，包含兩個英式 scone 酥餅、英國德文郡奶油、經典手工果醬及任選一杯茶飲。每一

顆scone都是以手工製作的道地英式風味，內軟外酥、香味四溢，一口咬下滿是驚喜和感動。

搭配奶香濃郁不膩的Clotted Cream英國德文郡奶油，是英國茶文化中的重要元素，自古以來在英國西南部甚為流行，又以德文郡（Devonshire）的最為著名。奶香醇厚的Clotted Cream，選用新鮮牛奶，通過加熱、冷卻、凝固、提煉等多重工序處理製成，以最道地的英國標準來說，包括scone、Clotted Cream、果醬和茶的組合，才能稱之為Cream Tea。

茶香茶食　身心靈皆滿足

榮獲多個歐洲食品金獎、獨家原裝進口的英國斯坦福郡手工炒製的Cottage Delight果醬，延用傳統銅鍋技術，只選用高品質的熟成水果，由專業的果醬調配師以手工少量製作，能品嘗到最道地英式果醬的美妙；將質地濃稠，口感潤滑的Clotted Cream抹在新鮮出爐的溫熱scone上，再塗抹一層酸甜適中的果醬，配上一壺熱騰騰的茶，正是最道地的英式風格，彷彿置身英倫百年茶館。

英式 *scone* 是許多常客的最愛。

茶飲其中特別推薦台灣獨有的「蜜香紅茶」，因政府推動無毒農藥栽培，茶樹嫩葉遭到茶小綠葉蟬的吸吮，茶葉新芽因而產生複雜微妙的化學變化，再經由茶師精心製作及烘焙後，特殊專屬的淡淡自然果香與蜜香產生而得名。

熱飲「阿薩姆茶歐蕾」，則以被譽為世界四大紅茶之一，印度阿薩姆紅茶為底，整體風味濃烈醇厚並帶有麥芽香，明亮琥珀色的阿薩姆紅茶加入新鮮牛奶與特級煉乳小火慢煮，每杯皆現製供應，是一款令人感到幸福的純奶茶。

此外，香烤雙茄起士三明治也很吸睛，開放式三明治外觀類似 Tapas，呈現亮麗多彩的餡料，是款熱烤三明治，大切片的茄子與番茄，半脫水烤過的小番茄使得酸甜感更濃縮升級，底層酥脆的麵包、抹上羅勒醬而更鮮香，有綠有紅有紫，令人食指大動，還可搭上精選馬鈴薯與玉米熬煮的歐式濃湯，更具有飽足感。

走一趟 smith&hsu，讓你的身心靈都得到滿足。

找好茶

smith&hsu（衡陽店）

地址／台北市中正區衡陽路 35 號

電話／（02）2370-0785

營業時間／10:00 – 22:00

網站／www.smithandhsu.com/

其他門市請洽（02）2457-6842

Sweet tea

Sweet Tea

生活中的小確幸

由敦宜餐旅集團邱泰翰董事長與米其林三星主廚 Alléno Yannick 攜手引進的 Simple Table Alléno Yannick（S.T.A.Y.）餐飲品牌，進駐台北地標一〇一購物中心，其中旗下的法式茶沙龍 Sweet Tea，更是許多名媛貴婦和甜點控的最愛。

位於一〇一購物中心四樓正中央的半開放式茶沙龍 Sweet Tea，是以米其林三星主廚 Alléno Yannick 的法國男人觀點，專為女性打造的浪漫空間。以粉紅、粉藍、粉黃及粉綠四種可愛粉色系作為沙龍的主色系布置，以這些色彩繽紛的壓克力圍籬圍出沒有壓迫感卻和四周有所區隔的空間，讓顧客感受被精品店包圍的時尚感，猶如置身法國美麗街景中品嘗下午茶般優閒自在。

十四歲就踏入美食廚藝世界的 Alléno Yannick 經歷過許多不同型態的餐飲風格，他精采的靈感和多元又獨特的廚藝風格，被許多法國資深的三星廚師前輩稱之為「新時代法國廚藝界的接班人」。Alléno Yannick 認為擺脫歷史的束縛並不斷創新是現代廚師的責任，甜點主廚出身的他更將甜點視為餐食的重點項目。

因此 Sweet Tea 的甜點總是能展現視覺、嗅覺及味覺的多層次，更將之當成精品珠寶的方式呈現。貫穿 Sweet Tea 的甜點哲學是不受限於尺寸的任意發揮、

堅持每日新鮮手工現做、採用最好的食材和原料，讓食材本身保有獨特的個性，卻又能取得完美平衡，不但能讓顧客品嘗最精緻的甜點，同時也如同藝術品般，美得令人讚嘆！

甜點正統又多元　品嘗法台茶的各國風味

源自法國正統血統，在Sweet Tea的甜點世界裡，種類多元令人目不暇給，包含可頌、馬卡龍、瑪德蓮及千層派等經典茶點，口味傳統卻又追求現代時髦的變化，讓你站在甜點櫃前，猶如挑選精品珠寶般，每個都想要。

以法國名媛最愛的香草千層派為例，餅皮的口感就比傳統派皮還更酥脆輕薄，這當然考驗著主廚的手藝，因為在派皮與派皮之間，還要和濕軟又香醇的香草奶油內餡搭配在一起，香草特別選用稀有的大溪地香草莢，只供應給米其林三星的主廚使用，每日以手工磨製的方式填入，外形還顛覆傳統方形，以站立圓形的樣貌呈現，可口又吸睛。

茶飲類是以法國達曼兄弟品牌搭配嚴選台灣茶為主，其中部分花果茶類風味茶，如俄羅斯風味茶，其加入黃金比例台灣本地特色茶，調和成富有多國風情的代表茶飲。還可任選搭配外酥內軟的可麗露和法國

珠寶般的甜點，令人愛不釋口。

家家戶戶都會製作的馬德蓮，特別可以和少見的藏紅花奶茶一起品味，這款以錫蘭紅茶為基底，添加藏紅花和矢車菊的花香、淡淡奶香與杏仁香氣，讓人沉醉在甜點世界的幸福魅力裡。

不可不提的「少女酥胸」馬卡龍，則堅持以原料做出自然無添加的原色，共有八種口味依季節性更換：有特別的日式芥茉口味，吃來清淡爽口；而葡萄柚搭上綜合水果的甜蜜滋味，與外酥內軟的口感，最適合以日本綠茶為基底，調和天然百香果、水蜜桃及野草莓甜香的「東方果香」茶飲，最為速配。

經典鹹派　三明治當主食

而少不了的輕食還有法式經典鹹派Savory Tart，以法式洛林鹹派為例，酥鬆的塔皮包有以磨菇、火腿、洋蔥及格魯耶爾起士的餡料，起士的香味濃郁細緻、餡料扎實具多層次口感，佐以新鮮蔬菜沙拉再搭配去油解膩的冰馬鞭草花草茶，全天候供應讓你在任何時段造訪都能享用得到。

看似小巧精緻的法式輕食，卻不必擔心吃不飽的問題，像是經典總匯三明治，以最受歡迎的蛋沙拉為底，夾入煙燻火雞肉、番茄及培根，同樣也提供蔬菜沙拉，吃完絕對有飽足感；主廚推薦此款三明治可以搭配黑糖鮮奶茶，是以知名法國達曼兄弟製茶師精選的大吉嶺茶葉，注入從迪化街嚴選老字號的黑糖蜜調製而成，復古懷舊又對味。

值得一提的是，Sweet Tea的甜點廚房二十四小時不打烊，由甜點廚師們輪班才能供應每日現做的甜點，這也是法式甜點對品質的要求完美與堅持。為了配合台灣人追求豐富多變化的口味，Sweet Tea每三個月更新一次menu，主廚除了採用台灣沒有的進口食材之外，還大量應用在地最新鮮的當季水果，這也是Sweet Tea每到下午茶時間總是客滿的原因之一。

找好茶

Sweet Tea

地址／台北市信義區市府路45號4樓
（台北一〇一購物中心4樓都會廣場）
電話／（02）8101-8277
營業時間／週一至週四、日11:00 - 21:30
週五、六11:00 - 22:00
網站／www.staytaipei.com.tw

the first 餐廳

嚴選台灣在地好茶　好食材

位於台北誠品松菸店三樓的書卷沏 Tea with Books 占地五百五十坪，除了誠品書店規畫的書本賣場之外，還有音樂黑膠館，不可不提的就是整體規畫的茶食、茶器樓層，販售茶相關的書籍和泡茶器，不但有數間現代化的茶館，還有座落南緣、視野最佳的 the first 餐廳。

面對寬廣松菸文創園區及信義計畫區的摩登天際線，台北都會的歷史更迭及人文脈動盡收眼底。空間使用木質與大理石的搭配自然且明亮，營造出優雅氛圍，室內空間由台灣國際級大師廖子豪設計，與 the first 所提供的台灣高山烏龍清新意象相呼應。

誠品生活旗下餐飲品牌，除了現有的 Eslite Café、TEA ROOM 以外，推出已經屆滿一年的全新品牌 the first，以「茶酒文化之精髓」為核心理念，導入在地頂級食材和西餐手法，運用新法國菜精神，結合台灣當季當令食材，搭配一系列高雅的餐具，讓用餐者在此放下煩惱，享受片刻的寧靜。

在 the first，茶不是配角，也不是入菜的陪襯，而是整個用餐過程重要的樂團首席，從進餐廳第一杯讓人放鬆心情的「迎賓茶」、用餐中的「清味茶」，到最後完美結束的一壺茗品，協調整體餐點及用餐者心情，譜成一曲令人醉心的完美樂章。

茶　畫龍點睛

提到「茶」這個最獨特的品項，是由誠品餐飲事業群吳明都總經理親自向茶農挑選產區茶。由於台灣茶品種類繁多，不專以比賽茶為主，the first 選出最具台灣特色的茗品，以台灣精緻茶出名的高山烏龍茶為主，輔以東方美人、蜜香烏龍及正欉鐵觀音等特色茶款，希望來到這裡的客人，喝到最純正的台灣風味。

茶如同葡萄酒一樣有著「人親土親」的特性，在挑選茶葉方面，the first 除了檢視其茶湯色澤及風味呈現外，更留心採收日期、發酵及烘焙程度等因素，由其中產生的微妙表現，即為希望客人細細品嘗發掘出的在地滋味，品茗如同品酒，層次豐富，尾韻悠長。

好的茶量少且耐泡，不只有回甘，每一泡所呈現的層次，就如同品酒過程一樣，隨著時間呈現各種風味。不同的天候條件，不同的摘取時間，及不同的焙炒技術，所展現的多元風土表現，即為品茗有趣的地方。the first 的茶雖然不可回沖，有別於傳統由顧客動手的沖泡方式，特別設置「司茶員」，控管四泡茶飲的品質，讓茶湯呈現最平均滋味，進而增加品茗樂趣，真正結合產品、空間及服務的最佳組合。

茶香甘醇　細緻珍品

在the first推出的茶飲中，二〇一三年的梨山翠峰春茶，由於梨山地區四季分明，晝夜溫差大，受惠於優異的天然環境及條件，所栽培出的梨山茶被尊稱為茶中極品，加上以輕火候焙茶，在纖細的香氣中帶有蜜香，口感綿密細緻；大禹嶺茶區土壤肥沃，雲霧繚繞，晝夜溫差大，因冬季寒冷，每年五月底及九月底各採收一次，並只取雨前三天採收的好茶，其色澤翠綠鮮活，滋味甘醇有甜梨果香，葉厚鮮嫩，呈蜜綠琥珀茶色，為難得珍品。

以熱飲二〇一三清境冬片為例，清境的海拔一千六百公尺，特別引用中央山脈自然山泉水灌溉二十年以上的老欉青心烏龍茶種；輕發酵的製茶手法使茶湯清新鮮嫩，一入口有股淡雅的水仙花香氣，漸漸地帶出水蜜桃熟果香，經過稍微焙火後增加火香氣味，整體口感圓潤爽口，甘醇滑軟。

玉山烏龍茶產於南投縣信義鄉，海拔兩千三百公尺，長年雲霧籠罩，日照及水分充足，茶葉以人工手採維持品質，製成的茶葉外形緊結，茶湯常呈現金黃或蜜綠色，入口不易苦澀，香氣甘醇、奔放，韻味十足且香氣清新幽雅，二〇一四玉山烏龍春茶即是愛茶者不錯的選項。

當令食材　慢食饗宴

這裡所提供的料理，不以重口味或華麗擺盤取勝，而以當令產地直送食材，以最簡單的烹煮方式，讓消費者感受最新鮮的滋味。以季節嫩筍沙拉為例，由鮮嫩的綠竹筍川燙，加上綜合生菜，佐以廚師特調松露油醋醬汁，輕爽入口，極為開胃；小黍雞茸濃湯則以玉米筍取代玉米，以雞高湯低溫熬煮，燉煮出法式濃湯口感，卻不使口腔黏膩，不需久嚼的小巧雞茸，讓濃湯味道更顯清新雅致。

民國102年
清境冬片
民國102年
大禹嶺冬茶
海拔 2300M
焙度 輕焙
eslite selection
誠品 | 選茶
民國102年
【阿里山石棹香茶製】
蜜香烏龍茶
海拔 1800M
焙度 輕焙

主菜則不得不介紹磯釣海島鮮魚佐薑味海鮮醬汁，來自澎湖的石斑魚，魚肉豐厚簡單清蒸後非常彈口，佐上以老薑及海鮮細細熬煮的清甜醬汁，襯以時令鮮蔬，以最精簡的作法呈現食材本身鮮度和原味，透過師傅巧妙的食材搭配，完成這道清爽豐盛的佳肴，看來精緻卻很有飽足感。而以茶入甜點的季節性石棉春茶磅蛋糕，則以精選茶葉不惜重本磨細加入進口無花果，茶葉香氣和果實顆粒帶給人驚喜口感。

the first 以風土人文為核心，藉由一系列優雅餐具的詮釋，將重視地域風土與人文精神的台灣高山茶，完整地呈現其豐富多元的風味及樣貌。為突顯出茶葉特色，嚴選在地白色食材料理，襯托出清新淡雅的豐盛饗宴，特別從德國進口 SIEGER BY FÜRSTENBERG 純白圓潤餐具，希望提供雅致而完整的用餐過程，讓來到這裡的客人放緩步調，以「慢食」的方式，細細感受這片土地滋養出的各式風味。

時令食材是 *the first* 誠意之作。

the first 餐廳

地址／台北市信義區菸廠路 88 號 3 樓（誠品松菸店）

電話／（02）6636-5888 ext.1515、（02）6638-9888

營業時間／11:00 – 22:00

網站／www.eslitegourmet.com.tw

菜單隨季節時令調整，餐點以現場供應為主

小茶栽堂

小茶栽堂

Le Salon

中法混血　台灣本質

台北捷運東門站開通後，大批人潮紛紛湧進永康街，永康街的代表不再只有鼎泰豐或芒果冰，在這個區域有許多美食小店和茶館開始被一一發掘。隱身於巷弄中的小茶栽堂，就是一處讓遊客再三造訪的好去處。

走進永康街四巷，你很難不被這間以典雅黑色包圍，透出雅致氣息的「小茶栽堂 Le Salon」所吸引。這是永康街裡唯一獨棟三層樓的空間，一推開大門望向右手邊，是整面壯觀的黑色古典茶罐牆迎接你，另一面則是法式甜點專區，玻璃櫃裡擺滿各式色彩繽紛的手工蛋糕、馬卡龍、巧克力、手工餅乾和常溫蛋糕。

整棟建築物以大量混凝土及原木材質為設計概念，營造出低調沉穩的簡約空間感，沿著階梯走上二、三樓，有店主人親手挑選的綠色植栽包圍著你，尤其是那大片落地的植生牆，不由得讓人放慢腳步，停留在這片綠意盎然的氛圍裡；而木質的設計師單椅、由竹藤編製而成的燈具，隱約透露令人沉澱的禪意。

這樣的中西混搭風，呼應了小茶栽堂「就是一間小小做茶的房間」，從茶的本質出發；而產品英文命名 **zenique** 就是以禪的英文「**zen**」為字根，加入 **unique**（獨特）的涵意，將事物回歸到最原始的面目，融合人在草木中的概念，提醒在忙碌中生活的現代人，別忘了停下腳步，喝口茶、歇一會，釋放所有壓力。

喝茶抒壓　置身自然

從事行銷設計和貿易的品牌創辦人黃世杰，愛喝茶也愛找茶，他想尋找一種可以簡單品茗的方式，開始四處到茶莊買茶，卻遍尋不到理想中的茶葉，黃世杰興起「不如自己來賣茶」的念頭，於是開始發揮貿易商的能力，到處拜訪有機茶農，訪談了一年多，終於成功地和台灣各地最源頭的茶農們合作，建立自有品牌。

小茶栽堂於二〇〇六年創立，黃世杰發揮自身的設計專長，每一件產品、包裝，乃至於門市設計都不假手他人，由自己親手包辦。令人驚豔的是，創業產品「古典黑罐系列」，讓產品回到原本面目，以事物的本源為主，用「無始無終」的背景黑色，榮獲二〇一二日本 Good Design 包裝設計大獎。

無論是袋茶或散茶，黃世杰選用完全由台灣產製的茶葉，來自通過 MOA 有機驗證茶園，堅持自然有機栽培，無農藥和化學肥料、無人工香精與人工添加劑。在栽培過程，讓茶葉完全成長後才採收，再由曾獲得焙茶競賽特等獎的國際級製茶師遵循古法製程，結合大自然的純粹原味和精湛工藝呈現。

設計簡約　躍身國際

除了回歸茶葉本身的初衷，各種不同的茶款，黃世杰選用淺顯易懂的色標標示呈現，以極簡主義的設計風格，呈現嶄新的生活形態，更能將台灣美好的茶葉推上國際舞台，他捨棄傳統的紅綠茶葉包裝，設計多點美感、年輕化的簡約風格，改變外界對茶的既定印象，讓喝茶年齡層下降，同時更能推上國際。

而品牌首次跨足Life Style風格作品的「茶壺旅行組」也奪得二〇一二德國iF產品設計大獎；首次設計的馬克杯產品「馬克杯杯」更一舉拿下二〇一三年德國紅點red dot《honourable mention》特別榮譽大獎，黃世杰可說是兼具生活美學、設計功力及經營手腕的全才型企業家。

在器皿之外，黃世杰還思考傳統台式茶點以外的可能性，曾留學法國的他，找來專屬烘焙團隊，以法式甜點製作及藝術技法，創作出與冷、熱茶飲皆合宜的甜品，以香堤奶油千層蛋糕為例，奶油選用法國認證頂級依思妮（Isigny Ste Mère）天然發酵奶油，以千層酥、義大利乳酪、起士、生薑紅茶凍及白巧克力慕斯層層堆疊而成。

法式甜點　台茶為底

小茶栽堂引以為豪的茶品「蜜香紅茶」，則以嚴選的小葉種紅茶，全發酵精製而成，有別於大葉種紅茶較為厚重苦澀的口感，不添加任何香精或香料，自然而然散發出清香甘甜的風味。黃世杰提醒，該款紅茶好喝的祕訣在於以一百度的溫度沖泡為最佳。

值得一提的是，小茶栽堂Le Salon提供多樣化的人氣經典甜點，除了採用天然海藻糖，甜度為砂糖的45%，減糖多健康，並獨家研發多款以茶入味的甜品，像是玫瑰紅茶馬卡龍，以玫瑰紅茶茶湯為基底，加上

精緻的甜點也是小茶栽堂一大亮點。

強調簡單、自然才是生活的初心。

玫瑰醬，打造出宛如少女酥胸口感的經典法式甜點。

而香濃滑順的黑烏龍布蕾、清新爽口的黃梔烏龍風味霜淇淋，以及人氣蜂蜜紅茶捲，都是特別以茶湯注入食材，淡淡蜜香的蜂蜜蛋糕，配上清香甘甜的蜜香紅茶餡料，不但爽口宜人，還散發出自然的清香風味，再佐上一杯茶飲，彷彿置身大自然，不必專程飛往法國，在台灣就能品嘗這些甜美滋味。

找好茶

小茶栽堂 Le Salon

地址／台北市大安區永康街 4 巷 8 號
電話／(02) 2395-1558
營業時間／週一至週四、日 11:00 – 22:00
週五、六 11:00 – 22:30
網站／www.zenique.net

其他門市請洽 (02) 8772-8589

采采食茶文化

復古與時尚的交融

路過台北復興南路的巷子裡，很容易會走過了頭，這一大片落地窗，因為金色陽光的照射，倒映出來的是自己的身影，沒有醒目的招牌，只有簡單的 CHA CHA THE，THE 是法文「茶」的意思，這是台灣服裝品牌「夏姿．陳」，成功踏上國際舞台的設計師王陳彩霞所開設的茶館，一如設計，婉約低調又時尚。

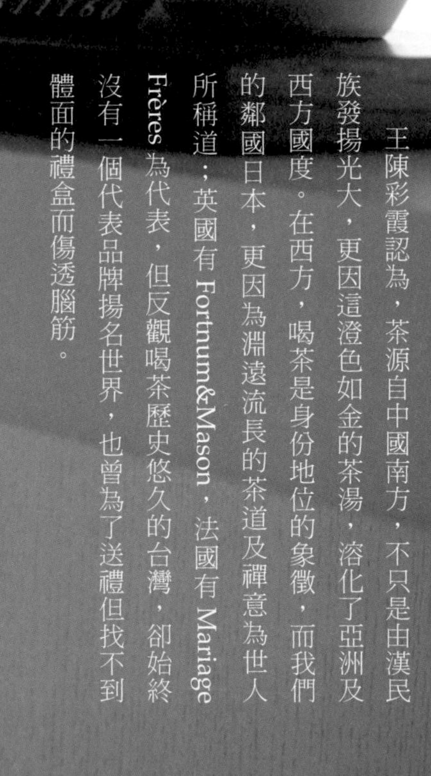

王陳彩霞認為，茶源自中國南方，不只是由漢民族發揚光大，更因這澄色如金的茶湯，溶化了亞洲及西方國度。在西方，喝茶是身份地位的象徵，而我們的鄰國日本，更因為淵遠流長的茶道及禪意為世人所稱道；英國有 Fortnum&Mason，法國有 Mariage Frères 為代表，但反觀喝茶歷史悠久的台灣，卻始終沒有一個代表品牌揚名世界，也曾為了送禮但找不到體面的禮盒而傷透腦筋。

於是，王陳彩霞以構築服裝品牌三十年的精神，醞釀七百多天的靈感與規畫，打造取自於詩經《周南．芣苡》中「采采芣苡，薄言襭之」為名，有華美豐盛之意，用來形容中華文化的豐碩壯美，另一方面也代表「禮采」，引源茶與禮之於漢文化密不可分的關係，更準備跨界在茶文化另起一條條象徵茶園綠階綿延的意象，揉合進似茶湯水月般的波粼律動，給人在茶埂間坐看一彎采采流水的浪漫意境。

行政主廚解釋著中國茶文化和禮文化的演繹，也正因為品茶生活化的精神核心，王陳彩霞從器皿、禮

盒、沖茶器具都以自身對美感的獨到性，重新詮釋設計，不但多了具世界觀的藝術感，更讓盛裝於內的茶葉、茶食與茶點有了各自的靈魂和姿態。

亦東亦西　古今交融

在復興南路旗艦店，處處都充滿詩意和驚喜，粉色系的茶葉包裝就有四十種之多，罐裝上方放置的聞香瓶，像極了巴黎香水名店的擺設，讓人愛不釋手；更有類似皇帝卷軸的縮小版設計，讓茶葉變得隆重許多；寫意的東方茶罐、硯石檯面放置的古董計算機、中國古老天秤架，整體空間亦西亦東，讓古意文化和極簡時尚發揮得淋漓盡致。

而陶瓷則仿古代女紅妝的胭脂水粉盒，裝入四大茗茶，再以絹紙層層包疊，讓收禮的人感受那珍貴又難以言喻的謝意。無論是器皿或茶具，取自宋代定窯白瓷；有的是以時裝大秀命名，有的則是請到自由落體設計公司陳俊良代為發想，在方型、圓型喜餅禮盒的部分，有「霞蔚」、「曄若」、「翩愛」、「禾歌」；

伴手禮則有「宮樣」、「麗天」；器皿則以「雲冠」、「璽器」、「默器」、「霽器」為名；茶食則有杏仁牛軋糖叫「三生石上」、寒天核桃糕名為「停雲落月」。

主廚開發出來的蜂蜜燕窩黃金糖，則像極了討喜的小金磚，這可是采采的得意力作，由於這款甜點必須純人工製作，無論是熬煮或攪拌時都需要細心呵護；而采采的餐點，無論是輕食或正餐都不含糊。像是主餐的三星蔥麵，以三星蔥的綠色部分切丁、白色部分榨汁，再和入麵粉自行揉製麵團，將麵條的香氣和微辛辣的口感提升，醬汁則以高檔的黑松露為底搭配新鮮的牛血菜生菜，就算涼掉還是很好吃！

食材以當季為發想

下午茶的養生紫米塔，靈感來自屏東原住民部落，以冰糖加紫米熬煮，將香味和甜點融合，加入來自馬達加斯加的西洋香草籽增添香氣，必須當天現做；而粉紅色馬卡龍的美麗色澤則是來自宜蘭的洛神花茶。

茶、茶點、茶食、茶器都有采采獨有的時尚風格。

可頌就更特別了，內餡夾了烤乳豬，搭配薯條和松露及水果優格沙拉，再配上一壺石棹金萱茶，綠中帶黃的茶湯，及淡淡的奶油香味，最適合與肉類及海鮮一起食用。這麼豐富的內容，便知道王陳彩霞的個性，不喜歡朋友餓著肚子離開，所以每道料理都非常扎實，具有飽足感。

這裡的坪數有六十多坪，客席至少有三十位，很多國際精品常包場舉辦記者會，看起來低調奢華但基本消費卻只要三、四百元，即一壺茶的費用。下回到這裡喝茶，說不定會巧遇名人，就算只是見到吧台或外場那幾位身著典雅制服，身段靈巧的店員，就已非常賞心悅目。

找好茶

采采食茶文化

地址／台北市大安區復興南路一段 219 巷 23 號
電話／（02）8773-1818
營業時間／11:00 - 22:00
12:00 - 14:00（午餐）
14:30 - 17:30（下午茶）
18:00 - 21:00（晚餐）

其他分店查詢 www.chachathe.com.tw
餐點以時令為主

玫瑰夫人餐廳

華麗中的寧靜

在熱鬧繁華的台北中山商業區裡，創立已滿十周年的 Madam Rose 玫瑰夫人餐廳，以台北市少有的歐式宮廷建築風格，矗立在南京東路上。設計承襲巴洛克時期的藝術特質，著重在流動感、戲劇性與誇張性等強烈情感表現，橢圓形的大廳與圓形挑高的屋頂，處處呈現古典華麗的細節。

創辦人在餐廳外觀以凡爾賽宮設計為發想，並在挑高的天花板畫上「戰爭與和平」為主題的仿石壁壁畫，華麗的階梯也傳遞巴洛克時期的古堡風格。值得一提的是，平時只對會員開放的六樓西洋茶會員俱樂部，以八十公尺長的回字型長廊包圍用餐區，用四座壁爐和手工骨董沙發布置成家的感覺，並收藏維多利亞時期的骨董及瓷器。還有一整片杯牆可放置兩千六百多個茶杯，供客人放置個人茶杯，或展示主人收藏，以此展現文藝復興時期的人文精神，及對生活的浪漫與愛。

在玫瑰夫人餐廳裡所使用的茶具組，也是創立於一八七九年，享有數百年歷史的德國百年名瓷羅森泰（Rosenthal），在眾多設計師系列中，玫瑰夫人挑選以義大利精品品牌凡賽斯合作的美杜莎、巴洛克及蝴蝶花園系列的餐瓷及茶器呈現浪漫情懷，光是一套雙人份的下午茶餐具組價值就約台幣五萬多元。

古希臘人將神話中的美杜莎頭像繪製於餐具上，用以趨吉避兇，凡賽斯沿用該種意像來保衛餐桌；該系列的金色翅膀則鑲24K黃金燒製而成，不但符合人體工學，還是最具藝術價值的表現。而古典系列的餐瓷圖案則以洛可可時期的貴族生活背景為主，並以象徵該時期的花紋繪製而成，所有的金邊採用22K的材質手繪上色，象牙白珍珠瓷更能襯托其典雅美麗。

玫瑰夫人主要供應被譽為法國國寶的瑪麗亞喬Mariage Frères茶葉，這個起源於一八五四年的第一品牌茶葉研發出近六百種的茶品，在全世界知名的飯店及米其林星級餐廳都可見該品牌的蹤影。

台灣茶飲加入玫瑰花元素

除了進口茶，玫瑰夫人也供應台灣風味的茶飲，有別於傳統紅茶風味，玫瑰夫人的玫瑰紅茶採摘自海拔一千公尺以上的高山茶，以老師傅堅持的紅茶全發酵加工技術，讓茶湯呈現濃郁色澤，入口沒有苦澀味，反而有著淡淡的蜜香及果香，不必加糖即有甘甜氣息。

玫瑰烏龍茶採自海拔一千三百公尺以上，有雲鄉

Madam Rose

之稱的合歡山山脈高山烏龍茶，因高山氣候涼爽，早晚雲霧籠罩，平均日照短，因而茶樹芽葉所含兒茶素類的苦澀成分降低，茶胺酸等對甘味有貢獻的成分含量提高，而且芽葉柔軟、葉肉厚，果膠含量也高，此款高山茶具有翠綠鮮活的色澤，滋味軟滑甘醇、香氣淡雅，茶湯水色呈現蜜綠顯黃，耐沖泡。搭配以有機方式所栽種出的食用玫瑰花，以古法製作，讓茶葉吸附花水，不但有花青素的營養，花香茶甘的韻味讓人心曠神怡。

不喝茶的人則可選擇飲用玫瑰夫人茶，此款茶飲選擇在坡地排水良好、日照充足，以有機方式栽種的食用級山形玫瑰花製作，花朵較大、外觀呈絲絨紅色澤，再將高品質的玫瑰花瓣以低溫乾燥處理，保留玫瑰花的鮮度及香氣。沖泡時，水色呈現出藍紫色或紅色的花青素，再因水溫逐降低冷卻，成就不同溫度的滋味及香氣。

餐點特殊　CP值高

人氣排行前三名的餐點，分別是下午茶三層組合、松露脆餅和玫瑰繽紛蟹堡套餐。下午茶組合由下層往上層、由鹹而甜吃起，有當日現做的司康、馬卡龍或馬芬及各種鹹式點心，可搭配餐廳獨家玫瑰花釀一起享用。

玫瑰夫人的下午茶三層組合很受歡迎。

原本是隱藏式菜單的松露脆餅，因大受好評，改為長期供應，以墨西哥餅皮夾上珍貴的黑白松露及莫扎瑞拉起士，淋上特製松露油，中心點再鋪上生菜，這道必須要趁熱吃的松露脆餅，中心和夾心層軟彈、邊緣酥脆，具層次口感。

玫瑰繽紛蟹堡套餐的主角軟殼蟹，先簡單調味後再酥炸，在手工巧巴達麵包中夾入一整隻軟殼蟹、洋蔥、番茄、生菜及特調醬料，一口咬下，厚實的大海滋味與蒜香提味，搭配水果沙拉和薯條讓人有大快朵頤的飽足感。

找好茶

玫瑰夫人餐廳旗艦店

地址／台北市中山區南京東路三段 77 號
電話／（02）6608-1333
營業時間／11:00 – 22:00

菜單隨季節時令調整，餐點以現場供應為主
其他分店查詢 www.madamrose.com.tw

藝術人文茶飄香

典藏藝術餐廳

實踐茶藝術的生活家

台北中山北路八條通因為各種日式料理店、居酒屋、lounge bar 林立，從四面八方聚集的觀光客，和最常遇見在台灣日商公司上班的日籍顧客，讓條通區充滿日式異國風情。不可不介紹位於八條通裡的典藏藝術餐廳（ARTCO CLASSIQUE），它可是位於鬧區中的一方藝文角落，最重要的是它還有好吃的食物和道地的茶飲，隱藏在巷弄中，等你去探索。

台北中山區一帶，是個充滿日據時期城市規畫風格、繁榮商業與文化生活情趣並存的美麗生活圈，不但充滿異國文化，也是讓《典藏》扎根茁壯的地區。《典藏》以雜誌出版起家，目前旗下共有《典藏・古美術》、《典藏・今藝術》、《小典藏・Artco Kids》、《典藏投資・ART.INVESTMENT》、國際英文版雜誌《Yishu》……還有出版專業藝術論叢的《典藏叢書》，加上「典藏藝術網」ARTouch.com及《憨憨泉設計》等，透過不同的形式與觸角來貼近社會脈動，讓藝術生根發芽。

特別的是，《典藏》還推出餐飲服務，擁有七家餐飲門市：包括ARTCO藝術餐廳、ARTCO觀景餐廳、ARTCO駁二餐廳、四家ARTCO咖啡館，大多座落在台北中山區一帶。走進典藏藝術餐廳，會發現許多矛盾與和諧共存的裝潢設計，斑駁的牆面有美式殖民地時期風格，以大木頭、大樑柱賦予衝突美感。

黑與白的對比、大量的鏡子延伸出空間感、骨董水晶吊燈，還有蕭如松老師的〈靜物〉、張曉剛的〈女人與羊頭〉等珍藏畫作，在這裡品嘗美食，享受的不僅是食物本身，更是整體用餐情境的獨特氛圍。

東西茶香與藝術交融

典藏藝術餐廳精選台茶18號紅玉紅茶，此款茶飲有阿薩姆紅茶般的扎實渾厚，還具有台灣山茶獨有的薄荷、柚皮及玫瑰香氣，即使長時間浸泡，口感仍圓潤不苦澀。如果你是老饕等級的茶友，三峽特產、氣味奔放多香的碧螺春、以及知名的東方美人茶，都能讓你從喉頭回甘，滋味無窮。

典藏提供紅玉紅茶、碧螺春及東方美人等台灣茶，及法國瑪麗亞喬 *Mariage Frères* 茶飲。

以最熱門的宮廷婚宴茶為例，是以熟成的阿薩姆金黃茶葉，巧妙的薰香連結了焦糖與巧克力的香味，再與絕配的奶精一起熬煮，香濃滋味，讓人一喝上癮；歌劇院綠茶則是以日本的煎茶為基底，再以多款果實如草莓、紅莓、紅櫻桃等來薰香，口味淡雅甜美，讓人一再回味。

另外特別引進風靡法國上流社交圈一百五十多年的知名品牌茶Mariage Frères，產區在法國瑪黑區，歷史悠久，幾百年來幾乎已和法國茶劃上等號。延襲至今，因應時代變遷及顧客多變的品味需求，每年都會推出十多種新茶，近年來更致力開發各國系列茶，向大眾展示來自世界各地優質的產區茶。濃郁的茶香飄散，東西交融在藝術收藏精品空間裡，讓品茶、美食、藝術，有了更巧妙與完美的人文結合。

精緻美食　品味藝術

品嘗美食最重要的兩個元素莫過於「美味、口感」，而典藏的廚藝以義法料理的精神與手法，將食物的美感與口感並存，打造出料理本身即是一門藝術的理念，每一道料理都精緻地像幅畫。

以最受歡迎的下午茶系列為例，人氣最高的當屬現烤的比利時鬆餅，獨家自製配方比例，經過兩小時的發酵過程，等客人點單時再送進機器現做，像是布魯塞爾丁丁鬆餅，以比利時著名的卡通人物丁丁為發想，搭配上從比利時進口的巧克力醬，佐以堅果、肉桂、糖霜和鮮奶油，外酥內軟的口感最適合趁熱享用，如果再放上一球莫凡彼香草冰淇淋，真是好吃到讓人隨之融化！

特別推薦的還有季節水果巧克力鍋，搭配香草冰淇淋，以七至十種當令水果，如奇異果、草莓略帶酸味的為主角，還有核桃、棉花糖、杏桃來中和甜蜜口感，加上冰淇淋、乾果類及蝴蝶餅的畫龍點睛，最適合三五好友一起邊吃邊玩，好不快樂。

堅持手工自製　吃得美味又安心

如果你想來點鹹食，還有一款由四種起士與牛奶和蛋汁混合塗在吐司麵包上，烘烤前在內餡抹上香滑奶油，加上會牽絲的起士和火腿，最後再費工地刷上一層奶油增添香氣，就是美味的法式火腿烤乳酪三明治了，剛出爐熱騰騰的氣味，讓人直吞口水。

另外還有完全手工自製的餅乾，減糖不添加防腐劑，即便非常耗時卻始終堅持自製維持品質，多元化的口味讓街坊鄰居變成常客；純手工製作的還有麵包，以牛奶加麵粉的純原料為主，讓顧客吃得安心。

點心也以藝術品方式呈現。

典藏藝術餐廳

地址／台北市中山區中山北路一段135巷16號（八條通內）

電話／（02）2542-7825

營業時間／11:30 – 23:00
14:30 – 17:00（下午茶時段）

網站／artouch.com/food/

● 餐點以時令為主

地下一樓為【典藏創意空間】一館，定期舉辦藝術領域之專題講座及空間展演服務

春水堂 精選茶葉

春水堂

開展茶飲新紀元

溫馨且具有文化的飲茶空間——春水堂，空間設計概念以宋朝首都開封呈現的「插四時花，掛名人畫，置奇珍異物，以裝門面」為主體思維；而每天開門七大事就是「柴鹽油米醬醋茶」，因此在這裡，飲茶是生活大事，唯有飲茶能止渴解癮。

中華民族是喝茶的民族，以茶聚會已有千年的歷史，也發展出品茗論道的飲茶文化，台灣近三百年來，一直流行小壺泡茶，以小壺、小杯來飲用濃濃的半發酵茶，飲茶多半以老人居多，所以俗稱「老人茶」。老人茶起源於福建的工夫茶，輕鬆而自在，但現在卻和上年紀的人劃為等號，在年輕人之間流行不起來。

而泡沫紅茶的發明，則是早期以經營茶行起家的創辦人劉漢介，偶然到日本大阪旅遊，發現日本冷卻咖啡的方式，回國後便用雪克杯將茶飲料進一步應用，在一九八三年五月二十日推出第一杯泡沫紅茶，讓飲茶方式大大改變，至今從原本僅有的四種到現有的近百種茶飲。

從不發酵到全發酵的茶品，從加料或不加料，溫度從冷、溫到熱，劉漢介認為，世界各地所運用的材料不同，以水果、牛奶、咖啡為最多，只有茶能止渴解癮，而加冰加料的茶是與先人智慧不謀而合的創作，開創出台式泡沫紅茶文化，揭開多元的茶飲新紀元。在一九九一年，春水堂進駐台中精明一街，開創歐

好茶必須具備香氣及喉韻。

式商店街的典範，此後數年間，魅力由台中颳向全台灣，還流行到香港、大陸及東南亞，近年間「Bubble Tea」更在歐洲、美國與加拿大掀起流行旋風。

茶知識／

平時不要空腹喝茶，可建立「個人飲茶時間表」，例如早餐可以搭配溫和的紅茶，中餐或較油膩的餐點可搭配綠茶，到了接近夜間，茶水則適度減量。

濃郁茶湯　有香有韻

一杯好喝的泡沫冰飲，首要條件是冰要夠，其次是由高速機器搖出的泡沫不易消失，再則是標準甜度，由二砂蔗糖加上麥芽糖自製熬煮的糖漿香氣足以襯托茶葉的香味，更能呈現一杯好茶的香氣表現，最後就是如何依照茶葉的發酵程度，用壺泡調出濃度高、韻味持久的茶飲。

因此，一杯好茶必須具備「香」及「韻」，店家每天早上都要試喝八種原汁茶，好的茶葉加上正確的沖泡、調泡方式，才不會危害人體健康。

珍珠奶茶是招牌茶飲之一。

提到春水堂的茶飲人氣排行榜，綠茶類以翡翠檸檬綠茶最受歡迎，經過五次薰香的綠茶香味濃重，加上檸檬的強烈香氣，是夏季熱賣的茶飲；而簡簡單單的招牌紅茶，則完全能喝出由荔枝薰香的紅茶滋味；不能不提的珍珠奶茶，則是請農家自製標準尺寸的珍珠熬煮加上嚴選奶精，以黃金比例調和出最受歡迎的口味。

美味茶食　飲茶絕配

文人茶則以高山金萱帶有奶香的自然香甜茶湯滋味，最受北區客人的青睞；而創意飲品珍珠紅豆鮮奶茶，則以烤好的紅豆粒磨成粉，加上天然的紅豆泥，注入鮮奶，多層次的口感也頗受好評。

茶食部分是黑黑的烏龍米血拿下人氣王寶座，以重口味的沙茶沾醬襯底，搭配甜度不高的烏龍茶飲最絕配。另外，和烏龍米血長得很像的招牌豆干米血則用新鮮滷汁現做，香辣口感和綠茶類飲品最麻吉。傳統的芋頭糕與平時吃的芋粿有異曲同工之妙，以純手工製作，不加防腐劑，適合現炸現吃。而鐵觀音茶糕以鐵觀音茶葉磨成粉，加上紅豆泥為內餡所製成的鬆糕，帶有冰涼感，常被顧客當成月餅伴手禮。

在春水堂喝杯茶，有花、有畫、有茶香、還有美食，休憩片刻就像是回到宋代那充滿人文氣息，同時擁有味覺、視覺與藝術文化結合的五感美學體驗。

茶食以烏龍米血拿下人氣寶座。

找好茶

春水堂（慶城店）

地址／台北市松山區慶城街1號2樓

電話／(02) 2546-9493

營業時間／週一至週四、日 11:00－21:30
週五、六 11:00－22:00

其他分店查詢 chunshuitang.com.tw

珍珠茶屋

碧湖畔閃閃發光

移動腳步踏在不規則的石板路上，日光或正或側灑落在都會鋼鐵叢林少有的木質廊柱庭院裡，兩側錯落綠色植栽、復古長板凳與堆疊的舊木箱，後院的竹編圍籬相呼應著，短短十數步彷彿行走時光隧道，像進行某種神聖儀式般瞬間沉澱心情，走進宛如京都古屋的時空。

踏上架高的茶屋門廊，從窗櫺透出的微光，帶有東方古典之美的日據時期杉木建築，座落在台北內湖碧湖畔的珍珠茶屋，就如其名「珍珠」一樣的含蓄發光體，木頭溫潤質感的屋簷、牆柱耐人尋味。滑開木門，映入眼簾的是古意盎然的色調，仿舊自然風格的壁面，使人倍感優閒自在。

老件木櫃上擺放陶藝家的陶作，出自柴燒及窯燒的杯壺，既質樸又大器的造型與配色，每件都讓人想據為己有；吸引人目光的鍍銀茶道具、簡單的透明玻璃器具，還有日本江戶工藝之美的切子雕花玻璃器皿，展現手作之美的中、日式精緻技藝，在此默默較勁。

或由台灣工藝師傅打造出結合異材質、新舊創意組合的木作鐵造燈罩與配件，或是店主從國外帶回收藏的生活古物，不但豐富整體古樸質感，喜歡還能買回家把玩。需脫鞋的和式榻榻米可坐可跪，還能透過木窗享有一大片日光和綠意，最受顧客青睞；西式座位區，有木桌與皮革座椅，和洋交會於空間之中，靜謐融合。

創意料理　視覺味覺皆美

主人曹智偉二〇〇三年在法國即開設珍珠茶館，販售珍珠奶茶及台式料理，讓旅法的學子一解鄉愁，也滿足外國人對台灣飲品的好奇。返台後於二〇一三年邀集擅長裝潢設計的友人盧宇文和文字工作者南美瑜，一同打造具全方位生活美學的健康飲食空間，還請來在餐飲界無菜單料理領域頗具名氣的阿嬌姐擔任創意料理顧問。

對食材具有敏銳度及高度熱情的阿嬌姐，挑選當令食材的獨到眼光，總能讓食物的組合激盪出不同火花。以「夏旬食」套餐為例，主菜「漁人的午后」讓人猜不著端倪，原來是乾煎白帶魚麵線鍋，佐上豆芽、花生和時蔬，還搭配絲瓜煨春雨和味噌烤竹筍兩種季節配菜。

鮮美結實的白帶魚和手工麵線在清醇的湯頭裡格外鮮美；前菜清灼白蝦不必過度調味就能品嘗出海鮮本身的新鮮滋味；蜜梅紫蘇涼瓜就像透光的翡翠，微酸微甜不苦，涼徹心扉而消暑；干貝百花豆腐羹則展現細膩刀工，加上干貝湯底帶有清淡海味。

手作甜點　配茶良伴

飯後茶點也是隨季節時令推出，從改良蛋糕到日式和菓子都拿手，小豆抹茶蛋糕帶有清淡豆香和抹茶香，搭配一杯茶飲最為合適；夏日愛吃冰品則可選擇宇治金時，有抹茶冰淇淋、滑嫩白玉小團和綿密紅豆，紅綠白配色極美、滋味甜而不膩。

珍珠茶屋的茶葉命名極富詩意。

茶屋重要的茶飲也展現混合風，日本風味的焙茶、玄米茶、宇治抹茶與日式和菓子最對味；即使是台灣本地茶飲也有極美的名字──「拓榴」，是帶有紅潤色澤的日月潭阿薩姆紅茶；「霞光」則是來自阿里山的著涎蜜茶，採自中高海拔清晨自午後被茶小綠葉蟬叮咬的茶菁，以中發酵中焙火，烘出天然蜜香風味。

珍珠茶屋堅持慢活慢食與實現樂活理念，週末還在庭院中開設「珊瑚市集」，秉持在地關懷精神，集結花蓮、台東各地小農以自然農法栽種而成的蔬果，以古意木盒子排放羅列，綠黃紫紅交錯的新鮮蔬果，就像明信片上的風景畫，以及波蘭爸爸手作酸麵包，吸引在地居民，也讓碧湖的遊客，多了一個休憩的好去處。

珍珠茶屋

地址／台北市內湖區內湖路一段103巷38號

電話／（02）2797-3972

營業時間／11:30－22:00（週一公休）

週六、日珊瑚市集 11:30－19:00

網站／www.zen-zoo.com

菜單隨季節時令調整，餐點以現場供應為主

舞鶴柚香茶
紀州庵
文山包種茶

紀州庵文學森林

大自然與古蹟共存

在台北城的南方，有個綠意盎然的公園，那裡的老樹樹齡從六十至一百一十歲不等，有大片的草地，可以伴著陽光，讀本好書；也可以一探日據時代的老屋，讓人遙想昔日風華；還有個品茗休憩的處所——紀州庵文學森林。

紀州庵建於日治時代的一九一七年，是由平松家族經營的日式料理店（料亭），也是許多高官商賈吃飯的招待所。在一九二七年改建並擴大營業規模，加強庭院景觀，因為緊鄰河畔，風景宜人，見證當時螢橋一帶的水岸風華，據說當時神風特攻隊隊員出任務前，也會在此飲酒餞行。

到了一九五〇年代，戰後的紀州庵轉為公務人員眷舍，知名小說家王文興曾居住於此，並以這裡的場景寫出《家變》一書。從同安街周遭的水源路、金門街、廈門街一帶的台北城南，聚集不少文人、文學社團及出版社，讓這一區的巷弄之間流竄著文學氣息。

二十一世紀初，原本這裡要被改建，不忍老樹及遺跡被財團收購改建，就此只剩回憶，在地居民們與台大城鄉所籌組「城南水岸文化協會」，努力維持舊址建物和老樹，終於在二〇〇四年被定為台北市市定古蹟，不但凝聚了社區意識，也成為民間力量推動市政發展的成功典範。

古蹟化身為文學森林地標

二〇一一年，台北市政府因城南蘊涵豐富的文學歷史，打造紀州庵成為台北市第一個以文學為主題的藝文空間，除了在料亭古蹟旁建立新館，更委託財團法人台灣文學發展基金會經營，以紀州庵文學森林為名，進行文學藝術的展演與活動推廣。

紀州庵文學森林是一棟獨立的三層樓主建築，一樓有綠意舞台、展覽空間、文創書藝鋪與文學茶館；二樓是第二個展覽空間，三樓則為紀州庵講堂。在一樓的複合式藝文空間裡，飄散出茶香，文學茶館刻意打造低矮的桌椅，高度正好能眺望窗外的古蹟和公園裡的老樹綠地，文學氣息與禪風相互呼應。

在這幽靜的茶館內，人與大自然彷彿融為一體，被純粹的綠意所包圍，把都市喧囂的吵鬧隔絕在外。茶，是生活的一部分，用清淨的方式洗滌煩雜的心緒，茶館特別使用有著共同理念的華陶窯陶器讓民眾品茗，連花器也大方使用珍貴的華陶窯器皿，有書，有茶，詩文融合在同一空間裡，讓人心靈自然沉澱下來。

品一口勇士的溫柔　吸取日月精華的好茶

紀州庵文學森林茶館供應輕食與飲料，好茶來自台灣各產區，除了菜單，館方還精心製作了「茶典」，讓顧客方便選擇想喝的茶飲之外，還能增長對茶的知識。首要推薦的阿里山手採有機高山茶，茶典上就寫著「品一口勇士的溫柔、冷泉漫桂香」。

原來這有機高山茶出自阿里山達邦部落的新興茶區，海拔一千二百至一千五百公尺，鄒族人世居於此，位於此地的達明製茶廠就由鄒族勇士安達明與客家妻子戴素雲共同創立，以人工除草、花生殼養地，以雲霧縹緲、山泉灌溉及日月精華種植出青心烏龍，採茶期間可見身穿鄒族傳統服飾的族人穿梭忙碌，孕育出喉韻醇厚的桂香黃金茶湯。

而瑞穗蜜香紅茶的茶典也非常具有詩意，「愛與被愛、相濡以沫」，來自花東縱谷，奶與蜜流淌的瑞穗淨土，茶葉取自於花蓮的吉林茶園，以四時地氣養地、取被茶小綠葉蟬親吻過的大葉烏龍茶葉，以手採一心二葉的全發酵製程，通過二百零九項嚴格的農藥殘留試驗，入喉回甘，果蜜芬芳，色澤檳紅，令人回味再三。

茶香書香孕育人情味

餐點特別推薦茶油麵線佐靈芝蛋&烏龍茶冬菇雞湯，選用來自翡翠水庫的綠茶麵線，拌上茶油，再加上以烏龍茶湯、香菇與雞腿肉熬煮而成的清爽湯頭，可乾吃可拌湯食用，最畫龍點精的莫過於那顆來自台南白河的靈芝雞蛋，膽固醇只有一般雞蛋的三分之一，非常具有養生概念。

不可不提的茶點則來自艋舺老店義興齋，精選推出的鹽梅糕、綠豆糕以古早味的白底紅字紙質包裹著傳統的心意，白豆椪、紅豆椪也是不甜不膩，入口即化。茶館還有計畫一連串相關的茶藝課程、由賴鳳琴老師帶領著參與者製作茶食、茶柚或茶染，精采可期。

清爽養生的美味茶餐。

找好茶

紀州庵文學森林茶館

地址／台北市中正區同安街107號

電話／(02) 2368-7577

營業時間／週二至週四、日 11:00－18:00
週五、六 11:00－21:00（週一公休）

網站／www.kishuan.org.tw

餐點菜單以現場為主

有機文山包
名間有機綠

紫藤廬

文人雅士聚集之地

位於台北新生南路三段、台灣大學附近的紫藤廬，外觀雖不起眼，但入內卻是別有洞天的靜謐，是許多藝文界人士聚集之地，更是早期黨外人士聚會之地。這裡供應的茶飲也很有歷史的深度，吸引許多國內外觀光客前來造訪。在此佇足停留，彷彿時光倒流，回到悠遠的時光隧道中，充滿古味與詩意。

打開紫藤廬官網頁面：紫藤廬又名「無何有之鄉」，什麼都沒有，又好像什麼都有，是靜靜地蘊藏著生命與創造原的地方，也是真正能得到休息與安寧的地方。無何有之鄉就是生命的故鄉，藝術的故鄉、思維的故鄉，是人的故鄉。

紫藤廬是間茶館，也是全台灣第一處市定古蹟，更是台北市第一處以人文歷史精神及公共空間為特色而指定的活古蹟，還是早期台灣民主運動、反對運動及學者的聚會場所，展現教育、文化、政治的功能和特色，具有歷史意義和保存價值。

文化及民主思潮交流場域

說起紫藤廬的歷史，女主人林慧峯娓娓道來，在一九四五年以前，這所老宅院是日據時期台灣總督府的高等官舍，一九五〇年代後，成為財政部關務署署長周德偉教授的公家宿舍。周德偉早年留學英倫與德國，是諾貝爾得主海耶克的門生之一，亦是台灣知名的經濟學者，也推動民主思潮。

一九六〇年代，紫藤廬被當作自由主義學者的聚會場所，李敖、殷海光、夏道平等人在此集會並評批時政，這裡如同黨外人士的避風港。周德偉的么子周渝在一九七五年父親退休赴美後接管老宅，他不但支持弱勢藝術家，還開放藝文空間，紫藤廬曾成為媒體人陳文茜筆下「反對運動記憶裡最美麗的堡壘」。

如陳建華帶領的「青韻合唱團」；白先勇、施叔青、李昂等人常在此聚會；帶有批判色彩的「台灣社會研究季刊」也在紫藤廬創辦，說紫藤廬是一九八〇年代文化能量匯集的中心也不為過。一九八一年，紫藤廬改建為茶館，成為台灣第一間具有「藝文沙龍」色彩的人文茶館，並以庭院中三棵老紫藤蔓而得名。

創辦人周渝以茶為媒介，將紫藤廬進化為文化場域，跟工藝、音樂、舞蹈、傳統曲藝相互激盪，成就台灣茶藝的多樣面貌。一九九七年，因產權爭議，經過藝文界人士與市民搶救，得以保存紫藤廬這處文化古蹟，二〇〇〇年更成立社團法人紫藤文化協會，讓紫藤廬得以繼續展現文化功能及影響力。

老屋　老物　老時光

進入紫藤廬，首先會被市區少有的池塘、庭院、老樹和古宅所吸引，內部則分為花、大廳、紫青房、紫蘇房、紫雲閣、佑廳和紫緣廳，都是以前老宅官舍所改建而成，保留了原始的結構，看得出以前主人在客廳、房間和起居室的蹤影。

以大廳為例，最初是周宅的客廳，桌椅家具都是用過三十年的老東西，目前是最大型的飲茶空間，在一九六三年重建，於此曾舉辦各類藝文活動。白晝透過落地窗引進的自然光，夜晚點上盞盞燈光，令人倍感溫馨。

而古蹟老宅的茶飲就更有學問了，不但命名雅致，從早期百年歷史的茶種、在地種植超過一甲子的老茶、高山烏龍茶、龍井、坪林包種、木柵傳統鐵觀音應有盡有，價位也從個人二百五十元、兩千四百元一直到四千八百元皆有，更有周渝監制的普洱茶；團體則有包廂和個人的蓋碗品茗，這裡所供應的餐點和茶點也是別具特色，坊間少有。

茶點懷古　茶餐變化多

除了預約制的高等茶席，還有持續推出的私房菜，林慧峯強調在紫藤廬，茶是主角，餐點是配角，但套餐仍舊不馬虎，以時令的鮮物為主菜，每一、兩週即會做變化，價格在三百元左右，讓常來喝茶的熟客品嘗到具變化的菜色。

茶點則尋找台灣在地的好品牌，如芒果乾是來自台南的名產玉井之門、茶梅請栽種凍頂茶的茶農製作；鳳梨酥則是員工的母親手工自製，還有坊間難得一見的蘇式桃片，也是選自台北的知名老店家。

造訪紫藤廬可別錯過美味餐點。

紫藤廬文化基金會執行長林慧峯自一九八九年婚後參與經營，有媒體工作背景的她對於藝文活動更增添助力，她喜歡民間趣味的老東西，讓人可以使用、不受拘僅。目前紫藤廬仍延續歷史記憶，經常舉辦各種活動，以茶為媒介的文創展覽，和古琴音樂結合、當作藝文空間，以情境式的視覺藝術，非營利為主及學術性或社運團體的讀書會，延伸過去紫藤廬對社會的關懷，未來更規畫二樓轉型為茶圖書館，讓茶的歷史軌跡能完整在紫藤廬呈現，以此證明這裡是有主人在的活古蹟。

找好茶

紫藤廬

地址／台北市大安區新生南路三段 16 巷 1 號

電話／（02）2363-7375、（02）2363-9459

營業時間／10:00 － 23:00

11:30 － 14:00（午餐）

17:30 － 20:00（晚餐）

網站／www.wistariateahouse.com

Hattiali
COONOOR OP
MARYNIN
Maussac
THE TIME OF TEA
NARAYANPUR
NAHORHABI
Maussac
THE TIME OF TEA
Maussac
THE TIME OF TEA
Maussac
THE TIME OF TEA
Maussac
THE TIME OF TEA
AVONGROVE ORGANIC
NAGRIJULI GFBOP

摩賽卡法式茶館

百種茶共和國

距離台北永康街商圈不遠的麗水街上，在狹小巷弄間，有間低調的法式茶館，白天經過時很容易忽略它的存在，但一入夜，燈火照明下，它依舊沉靜故我，卻又似在向你招手，邀請你去一探究竟。上幾步台階、推開門，整面放了上百個黑色金屬罐裝飾的茶牆，令人嘆為觀止，靜謐黑金使人更想留下來發掘祕境。

摩賽卡的女主人林玲容就像她所經營的法式茶館，文靜又高雅，她一一介紹自茶牆上取下的馬口鐵錫罐，如同寶貝般愛惜，不必看任何的簡介或小抄，對每一款茶的特色如數家珍，有來自產區斯里蘭卡、印度、不丹、尼泊爾或肯亞的純紅茶，擔心咖啡因可選擇來自法國南部普羅旺斯的花草茶，也有台灣本地的特色茶。

引進法國茶將近二十年的林玲容，從十多歲開始喝茶，卻是一路喝著台灣茶長大；由於同學家裡開茶莊，同學的父母天天泡高海拔烏龍茶給她喝，從小就被灌輸「台灣茶是全世界最好的茶」的概念，林玲容很早就懂得如何分辨喉韻、回甘及老人茶的泡法。

成長的過程中，林玲容曾有一次喝咖啡產生「咖啡醉」的經驗，從此再也不敢喝。在因緣際會下，認識法國朋友，跟著幾次造訪法國，也數次到正統法式茶館，開啟全然的味覺，她發現東、西方茶其實各有特色，而且法國本身不產茶，但法國茶館卻有來自世界各地的茶，對茶的接受程度比英國還高，包容性很強，並且講求療效，會視身體狀況和心情搭配不同的茶飲。

家的舒適自在

林玲容因此興起在台灣開設法式茶館的念頭，從陌生到熟悉，她完全白手起家，單純地希望讓大家有機會接觸各式各樣、來自世界各地的茶，以茶為媒介開創一個完整的茶園地。她從二〇〇一年開始引進進口茶、二〇〇二年正式營業，並提供餐點服務，直到隔年遇到SARS，客人不上門，幾乎快倒閉的狀態，她仍堅持下去，現在終於熬出自己的一片天。

林玲容將茶館命名為摩賽卡，有「家」的意思，希望上門的顧客都能在這個天地裡享受自在和舒適，因此她將茶館布置成以白色調為主的巴洛克風格，喜歡攝影的她更擺上自豪的作品，在不刻意明亮的空間內，讓每位客人都能有自己的一方天地，談天說笑、品嘗美食、啜飲來自各地的茶飲。

空氣中瀰漫著美食與茶的香氣、流動的光線中讓人忘了身處何地，如果你想在這裡看書，覺得燈光不夠明亮，只要向店員說明，馬上就有專人幫你加盞燈。看起來不特別大的空間裡，一樓可坐三十多人，地下一樓還有和式包廂，採預約制，可分隔成四區，並容納二十多人，帶給大家專屬於法式茶館的慵懶輕鬆。

依心情挑選最適合的茶飲

摩賽卡茶館有林玲容從世界各地買回來收藏的器皿，中國、法國和日本的容器，以及很有味道的老櫃子和大理石玉製成的杯子，在這裡也可以買到沖泡茶飲的任何茶具，還能購買茶牆上的散茶，若要送人，

還有精美的包裝。林玲容建議，存放茶最好是用馬口鐵製成的錫罐，並放置在通風的櫃子中，不可存放於冰箱或密封的櫃子，容易產生異味。

茶館內的茶飲以紅茶或綠茶為基礎，加上各式天然花草調配而成的招牌法國薰香茶，還有來自日本，以日式煎茶加入櫻花玫瑰花瓣，擁有美麗名字的「夜櫻」；產自中國大陸的岩茶……另外引進兩款台灣特色茶飲，分別是來自台北坪林茶鄉的白毫烏龍以及文山包種茶，在眾多進口茶飲中，還能品飲到著名的台灣本地茶。你不必擔心自己不懂茶道，只要進入摩賽卡，一定會有人悉心地拿出試聞瓶，幫助你從琳琅滿目的上百種茶款中，挑出最適合當下心情的茶飲。

冷熱皆宜的各國好茶

目前維持現有的一百多種茶款中，最受歡迎的是喜馬拉雅紅茶，帶有香味但不甜口；歌劇院奶茶以紅茶為基底加入鮮奶現煮，不加糖或奶精，也不加一滴水，雖然成本價格偏高，但只要

你喝到那香草茉莉和柑橘的薰香味，就會覺得非常值得；而難得一見的印度香料奶茶，同樣以紅茶為底，加入丁香、肉桂、薑及豆蔻，充滿異國風情；中國紅茶野生特級滇紅也頗具特色。

林玲容說，年輕上班族群喜歡法式薰香奶茶，不易入眠的人大多選擇花草茶，現在的年輕人開始會點純紅茶，接受度很高。至於餐點的部分都由自己研發、甜點則是由表弟開發，本來每樣餐點都有一套SOP，但她放手讓年輕夥伴注入新創意後，發現了更多不一樣的驚喜，連擺盤也活潑了起來。

在茶館點上一壺茶，幾乎每一種茶都是冷熱皆宜，為了讓顧客喝到品質最佳的茶飲，所有的茶都是計時、沖泡好才端上桌，這是為了避免顧客只專注談天，讓茶葉浸泡過久造成滋味苦澀；茶喝多了容易肚子餓，因此摩賽卡在菜單上增加輕食、各式自製甜點和特色餐點，每到用餐時間還一位難求呢！

手工甜點　多元茶世界

摩賽卡茶館的餐點主推林玲容自己喜歡吃的食物，像是法式薄餅主打的一道餐食，有鹹、甜口味任選，完全採用天然的作法：只加蛋、牛奶和麵粉，煎上薄薄一層後再加入培根、番茄與豆苗，就是一道簡單又美味的輕食；焦糖蘋果薄餅夾心則是起士味道較重，夾上熬煮入味的蜜蘋果，軟爛不甜膩，放上生鮮蘋果丁再淋上蜂蜜，口感層次豐富。

台灣很流行的司康這裡也吃得到，完全不用泡打粉製作的偏硬口感，內層鬆軟，搭上果醬和奶油，甚至單吃也很可口；自製的手工甜點，像是水果茶凍，食材選擇較高級的原料海藻膠，有淡淡的茶香味和水果的甜味；布丁則是不甜又滑順，多吃幾個也不膩。

林玲容不把茶的世界看得太窄，期許摩賽卡也能像法國茶館一樣，包容多元文化，在茶的世界裡，沒有什麼是不可以的，她不拘泥在法系的宮廷系列或古典系列，採購世界各地多元的茶款，讓大家多多探訪茶葉的美好世界。

找好茶

Maussac 摩賽卡法式茶館餐廳
地址／台北市大安區麗水街 24 號
電話／（02）2391-7331
營業時間／11：30 － 22：00
FB粉絲專頁／www.facebook.com/maussac

菜單依時令更換，以現場供應為主

摩賽卡茶館自製餐點跟茶飲很合搭。

耀紅名茶藝術空間

低調的生活美學

有人說：能將興趣跟工作結合是件幸福的事，對創辦耀紅名茶的企業家張耀煌來說，能在自己開設的畫廊，用自己精心挑選的好茶，招待生意上往來的賓客和親朋好友，不但是件開心的事，而且誠意絕對百分之百！

在台北永康商圈閒晃，經過永康街和麗水街口，似乎有一方翠綠的靜謐將外界塵囂隔絕了起來，門上貼著「歇會兒，喝杯茶」的筆墨，讓人更想走進一探究竟，這裡面到底是藝廊還是茶館？

其實這兩者都對，因為創辦人張耀煌的本業是建築，還代理外國保養品和飾品，經商有道，但他更是位自學而成的畫家，不僅精通書法、水墨藝術和繪畫，還辦過個展和出版畫冊。成長於南投水里鄉的張耀煌愛喝茶也懂茶，把原本接待賓客的場所延伸為一個能品茗的藝術空間。

負責管理耀紅名茶藝術空間的店長黃嫊媜，本身也愛喝茶，修習茶藝已有二十年，她認為自己很幸運能有發揮所學的空間，因舉目所及的花卉和古玩，多半由她一手搭配及打造，店內還提供品茶、販售八大茶種及陶瓷器皿的服務，讓她和張耀煌一樣能夠將興趣與工作合而為一，每天都過得很充實、開心。

骨董家具　珍貴難尋

二〇〇七年創辦的「耀紅」，取自張耀煌的英文名字「Yahon」，裝潢設計概念就是提供一個融合古典與現代的舒適品茗場所，因此店內多以講究的骨董家具作裝飾，茶器都是老壺，是早期民初的器物，歷史已不可考；而椅子有雞翅木做成的雲石椅，更是清朝的精品，桌子也是清末的物品，有的是老闆的珍藏，大部分則由黃嫊媜陸續收購。

曾在紫藤廬茶館服務的黃嫊媜表示，耀紅的空間規畫，原本每年都有六至七次的畫展，現在除了主要展出張耀煌的畫作之外，還不定期舉辦茶會，而入內參觀的客人無論購買與否，店家都會招待一杯「奉茶」，讓人感受台灣的人情味，近年因媒體報導，許多日本觀光客會拿著雜誌，專程前來體驗台灣茶文化的奧妙。

黃婊媜認為泡茶不需要炫技，內行人只要一看動作就知其經歷，在心境沉澱的狀態下才能泡出好茶，溫度、茶葉量和時間就是泡出好茶的三要素；而喝茶可以看心情和天氣，她以自己為例：外頭起風下雨時，她會選擇厚重的鐵觀音；陽光普照時，她就沖一壺包種綠茶，讓心情更加愉悅；至於心情平靜時，則會選擇紅茶，一定要將它滑順柔軟的特質沖泡出來。

耀紅更有誠意之處，則是請專人運送來自陽明山、金山一帶的山泉水，由於山泉水礦物質含量豐富，加上以陶壺煮水，更能提昇好茶葉的茶湯品質。黃婊媜說，只要顧客上門找茶，都會詢問客人偏好的茶種，喜歡清香就推薦阿里山高山茶或文山包種茶；有茶齡的茶友，則介紹傳統凍頂烏龍茶，因為它的發酵足、焙火久，加上是木柵的正統作法，該有的韻味俱足，因此吸引許多主顧客回購。

透過泡茶的步驟，彷彿進行一場靜心的儀式。

喝對茶時間　有益健康

談到喝茶的好處及壞處，黃婖媜說一般人認為茶的缺點是影響睡眠，但其實在對的時間喝對的茶非常重要，例如喝到好的老茶或普洱茶，反而能幫助安神、鬆弛神經；未發酵的綠茶相對起來較為活潑，在傍晚或夜間喝綠茶可能較難以入睡。

和茗茶搭配的茶點也有八種，以養生堅果類、水果乾和蜜餞為主，不時還特別訂製南棗核桃糕，這幾款茶點的特色則是以口味不重、不黏牙，及不搶茶本身的滋味為宜；雖然有許多顧客建議供餐，但黃婖媜考量餐點的味道飄散在空氣中，多少還是會影響喝茶的味覺，因此堅持不提供餐食服務。

此外，店內擺設的茶器，有來自鶯歌和中國的瓷器，陶器則是父子檔陶藝家蔡榮祐、蔡兆慶和谷源濤三位大師的作品，價格合理值得收藏。而近年，除了跟專業的茶商合作之外，耀紅也自創品牌，開始在中國雲南一帶種植普洱茶及滇紅茶，而茶品包裝的動物系列，也是由張耀煌一手操刀。

耀紅名茶藝術空間

地址／台北市大安區永康街 10 巷 10 號（麗水街口）

電話／(02) 2321-5119

營業時間／12:00 - 22:00

茶與食的完美結合

喫茶趣

創意茶飲　茶膳茶食全包辦

在台灣，除了隨處可見的手搖茶連鎖店，最多也最大的連鎖店莫過於天仁茗茶了。這個一九五三年創始於高雄岡山的茶葉品牌，至二〇一一年即發展成擁有海內外一百六十一家連鎖茶葉專門店規模，並為國內唯一股票上市及通過 ISO 22000 國際品質認證的專業茶業公司。

很難想像這個具有如此規模的茶業公司，竟是由一九三五年出生於南投名間鄉茶農世家中的李瑞河所一手創立。李瑞河自小接觸茶葉，一九五三年父親賣掉茶園，舉家遷往高雄岡山開設銘峰茶行（天仁茗茶的前身）；十六歲的李瑞河，以一台腳踏車跑業務，車後座載一個裝滿茶葉的鉛桶，靠著它，跑遍整個南台灣。

一九六一年，李瑞河在台南開設第一家「天仁茗茶」，往後的四十年，隨著台灣經濟發展，天仁的事業版圖不只擴展到海外，也發展了其他相關事業，而在一九九三年更選擇到中國創立「天福茗茶」，門市已超過一千家，李瑞河成功地創造了中國茶葉的第一品牌。

為了順應飲茶文化的新趨勢，二〇〇〇年天仁成立了喫茶趣 cha FOR TEA，結合連鎖店全系列的風格，提供顧客舒適的用餐與品茗環境，融入年輕、休閒、生活化的特色，成為現代多元的中式新複合式茶館。以「老行業，新經營」的精神，除了以茶為核心

向各類型食品發展外，更以追求茶葉國際化、生活化、年輕化為目標。

喫茶趣研發出具有獨特風味的茶食口味，並以品質最好的茶入菜增添茶香，目前台灣已有十一家喫茶趣，除了在台灣展店外，也積極擴展海外版圖，洛杉磯、雪梨亦有分店，並授權給日本 Sugakico 集團發展日本東京都市場。

現代新茶文化　吃出茶香滋味

喫茶趣 cha for tea 中文店名命名的由來，取自於一九八九年趙樸初寫茶詩：「七碗受至味，一壺得真趣，空持百千偈，不如喫茶去」。茶的歷史是由中國傳往世界各地，各國的名稱不外乎是由廣東的 cha 或由福建話的 tay 所發音，因此 cha for tea 有 cha is tea 的意思，同時代表著天仁茗茶將中華茶文化推展至全球各地。

店內採用現代風格，以新茶文化為概念，將簡潔明亮的設計與中國古典細緻優雅的質感融合，創造出

多元風貌。用天仁自製的優質茶葉，自創出獨樹一格的茶飲、茶點和茶膳，讓顧客不只是純喝茶，而是從飲食中品嘗到茶的奧妙。

為因應廣大消費者的需求，每季都會舉辦創意茶飲及茶膳的比賽，聚集全台灣從北到南廚師員工的創意，將比賽勝出者的創作納入下一季的菜單中，以此凝聚員工的向心力，也讓上門嘗鮮的顧客不定期有驚喜。茶王無錫排是人氣排行的茶膳之一，茶湯入菜所熬煮出的排骨鮮嫩不柴，中和了肥膩的味道。

美人小籠湯包也是數年人氣不墜的招牌茶點，輕輕咬下麵皮，裡頭的肉餡香甜味美，讓人一口氣連吃好幾個；喫茶菁則是將茶葉葉片

觀光客最愛的小籠湯包，在這裡也吃得到。

裹粉炸成茶葉天婦羅，沾一些綠茶胡椒鹽能吃出淡雅的茶葉香，和茶飲一起搭配，完全不會搶走清香茶味，反而襯托出絕妙滋味。

茶香四溢　休憩好食光

而招牌人氣茶飲以QQ奶茶最受歡迎，冰涼又彈口的珍珠，一年四季都是熱賣奶茶類的冠軍；另一款

鮮榨水果綠茶具健康概念。

也是熱賣的鮮榨水果綠茶，由特級綠茶粉調和新鮮柳橙及檸檬汁，不僅健康好喝，還能順勢推動盒裝綠茶粉的銷售量，一舉數得。

熱飲則以帶有天然蜜香和熟果香味的東方美人茶點購率最高；而產自高海拔的上等烏龍茶——天梨茶仍最具優勢，帶有水梨香氣及花香，是喫茶趣最受歡迎的茶飲極品，因高海拔均溫低，茶樹生長緩慢，咖啡因的生成也緩慢，讓茶湯較不苦澀，因此受到喜愛熱飲客人的青睞。

除了普洱茶從中國進口之外，其他茶葉都是台灣本地生產製造，即使是國外進口茶，也有詳細的產地標示，共有數百種的茶葉商品。天仁還開發一系列台灣在地的特色茶點伴手禮，如阿薩姆和烏龍茶風味的鳳梨酥、日月潭紅茶核桃糕等，讓國人和觀光客都能一嘗以茶入味的特殊茶食。

已經開店超過十年的中山店為例，客層以商圈內的鄰居和往陽明山、北投或附近士林官邸、故宮的觀

光客為主。在二百坪偌大的空間中，有一百八十八席的座位區，這間喫茶趣是餐飲複合店之一，店內也提供茗茶禮盒、外帶手搖杯等。

在具有禪風意境的中山店，面對中山北路的大門隔絕了外面車水馬龍的喧囂，右手邊大片的綠色草地，讓坐在包廂區的客人們能盡情享受窗外的一大片綠意，手上端著一杯好茶、還有以茶烹調的茶膳可享用，心靈在此得到片刻的寧靜與休憩。

找好茶

喫茶趣（中山店）

地址／台北市士林區中山北路五段 570 號

電話／（02）2888-2929

營業時間／週一至週五 11:00 － 22:30

週六、日 10:00 － 22:30

午晚茶（例假日不供應）

14:30 － 17:30（下午茶）

21:00 － 22:00（晚茶）

全台營業據點查詢 0800-212-542

www.chafortea.com.tw

愛嬌姨茶餐

以茶入菜真精采

一位平凡的採茶姑娘，因為勤奮努力，被茶園主人視為珍寶，彼此相知相惜，進而相戀並共結連理；從一個不曾下廚的女孩，為了使辛苦的採茶工人有熱騰騰的餐飯可享用，而轉變為洗手做羹湯的女人；因夫妻兩人對茶十分了解，因此開發了台東首創「以茶入菜」的餐廳，並以女主人的名字蕭月嬌命名，這就是愛嬌姨茶餐的由來。

甘茗記茶園主人甘振豐說，早期經營三公頃的茶園，以種植金萱烏龍的品種居多，現在重心移轉到茶餐廳，還留了六、七分地種植少量茶，因本身是製茶師，所以也向茶農購買茶菁，自己烘焙茶葉。開設茶餐廳的機緣也是主顧客要求，因為上台東鹿野台地遊玩、品茗，常過了用餐時刻卻找不到東西吃，就會請甘振豐供應餐點。

原本從未下過廚的蕭月嬌（愛嬌姨），開始向媽媽請益，幸好甘振豐和蕭月嬌對茶非常了解，決定做出市場區隔，善用自己烘焙的茶葉所泡出的茶湯入菜。剛開始只有愛嬌姨一個人掌廚，忙碌時就請鄰居幫忙料理，但慕名而來的客人愈來愈多，餐廳日漸忙碌，愛嬌姨除了招呼客人之外，還要維持菜肴的品質，以至於現在大部分的餐點都交由師傅料理。

在風味茶餐中，以茶香、茶湯入料理是一大特色，在熟悉的料理中品嘗到茶的清香，在夫妻倆的研發改良下，以不同的茶種搭配不同的料理以及烹飪方式，期間當然也有失敗的作品，不過憑著自產自銷的豐富經驗，不斷大膽嘗試，終於創造出美味和諧的口感，讓茶與料理的風味相輔相成。

三十年經驗成茶達人

人稱「阿甘伯」的甘振豐，原本在南投經營冷凍相關事業，後來因緣際會，搬到台東縣鹿野鄉，起初種植水果，一九九〇年代由於配合政府的「休閒農業政策」，開始在土地上種下第一株茶苗。從一開始由政府推廣的紅茶到現在多樣化的品種，以及和茶業改良場共同參與的研習與研究，使阿甘伯成為一位茶葉達人。

阿甘伯種茶至今已三十年的經驗，對茶葉的知識瞭若指掌，因此自產自銷的茶葉品質也掛保證，而茶園每年還參加比賽，更於二〇一三年得到紅烏龍的金牌獎，致力將茶的品質提升，除了提供茶餐、品茗外，還有茶藝體驗營推廣茶的藝術，讓更多人走入茶的世界，了解茶葉的製作過程。

以茶研發出的料理，每一道都是阿甘伯和愛嬌姨的心血結晶，以綠茶炸豆腐為例，是用綠茶粉末調製的麵衣，由蛋香包裹著雞蛋豆腐，下鍋炸得金黃香酥，讓酥脆的表皮上帶有一抹鮮綠，雖然咬開來十分燙口，但外酥內嫩的口感，讓人一吃上癮；炒綠茶麵同樣在揉麵的步驟加入綠茶粉末，大幅提升麵本身的色、香、味，再以天然的茶油拌炒，翠綠色的麵條在口中彈出淡淡馨香，茶油則溫潤味蕾。

茶湯入味　胃口大開

而值得品嘗的還有桂花紅茶蝦，活跳跳、新鮮度極高的鮮蝦以紅茶提味，蝦肉呈現緊實清甜的口感，淡淡的桂花沁香，還有微辣胡椒，使人吮指回味。茶油剝皮辣椒雞則是一點也不嗆辣，鮮美的雞湯混合中藥味，口感厚實，香氣逼人，雞肉吸飽湯汁精華，富彈性的咬勁口感讓人感到幸福。

紅茶滷肉是以台東特產紅茶茶湯熬煮，扮演著中和腥味、去脂和潤色的功用，精選的五花肉滷得鮮嫩易入口，肉香與茶香充分融合，滷汁香醇甘美不油膩，還有嚼勁十足的肉質和口感；另外小點心綠茶粿是以糯米粉加綠茶粉揉製而成，呈現綠茶的光澤，咬一口，內餡的蘿蔔絲鹹香四溢，齒頰留香不黏牙，茹素者還有香濃的紅豆餡可以選擇；小巧可愛的紅、綠茶果凍也是使用自家茶葉並請工廠特製，爽口不甜膩。

愛嬌姨還特別傳授紅烏龍茶飯的私房撇步：高級的紅烏龍茶葉以熱水泡開後，將茶湯放涼，比例是一碗米搭配一碗茶湯，濃淡自調，重點是必須挑選不苦澀的茶葉才行，以涼茶湯泡米半小時後再開啟電源煮飯，等米飯煮熟，在家就可享用簡單又好吃的茶飯！

紅茶滷肉色澤誘人，吃起來不肥不膩。

找好茶

愛嬌姨茶餐

地址／台東縣鹿野鄉永安村高台路 109 巷 32 弄 9 號

電話／(089) 550-678

營業時間／11:30－14:00（中餐）
17:30－20:00（晚餐）

用餐請事先預約，素食者請先告知
時令菜單以現場為主

國境之外的茶滋味

不只台灣茶，起源於外國的下午茶也漸漸進入我們的生活，大吉嶺的馥郁、錫蘭的濃烈……品完台茶的典雅，也試試國境之外截然不同的茶風味吧！

世界主要紅茶產地及特色

亞洲

中國

中國著名的紅茶：

・安徽祁門紅茶：具有濃郁的蘭花香，水色豔紅，滋味甘醇帶甜。

・雲南滇紅：具金黃色白毫，茶湯滋味清爽鮮美，香氣如麥芽般香甜。

・福建正山小種：又稱拉普山小種，最大特色為帶有特殊的松香味。

印度

以阿薩姆（Assam）、大吉嶺（Darjeeling）及尼爾吉里（Nilgiri）三大茶區最為著名。

・阿薩姆紅茶：茶湯的顏色呈暗紅色，香氣濃厚甘醇，帶有麥芽香氣，滋味強烈令人印象深刻。

・大吉嶺紅茶：茶芽呈現金黃細嫩狀，茶湯水色金黃明亮，帶有天然成熟果香，滋味接近白毫烏龍茶，有「香檳紅茶」的美譽。

斯里蘭卡

昔日的錫蘭所產的紅茶，以烏巴(Uva)、丁普拉(Dimbula)、堪地(Kandy)等茶區最為知名。

．錫蘭紅茶：茶湯水色如琥珀般明亮、香氣濃郁猶如花果香，滋味強烈又極富活性，最適合搭配牛奶飲用。

土耳其

紅茶產區以內銷為主，茶湯風味溫和亦帶有甜味。

緬甸、印尼、越南

紅茶品質相較之下，遠低於中國、印度與錫蘭，是價值較低的紅茶產區。

非洲

肯亞

為非洲最大的紅茶生產國，近年來產量有逐漸增加的趨勢。肯亞紅茶的茶湯滋味濃厚強烈且具有果香，也適合添加牛奶飲用。

馬拉威

非洲第二紅茶生產國，茶湯香氣與滋味接近錫蘭紅茶，亦適合加入牛奶飲用。

喀麥隆、烏干達、坦尚尼亞、辛巴威

所生產的紅茶茶湯皆具淡淡的麥芽香氣，但滋味較為強烈粗澀，欠缺圓潤口感，較為適合製作成奶茶原料。

拉丁美洲、大洋洲

阿根廷、巴西、厄瓜多爾

所產紅茶茶湯水色非常鮮豔明亮，滋味強烈又濃郁，但香氣稍微不足，亦適合做為奶茶原料。

巴布亞新幾內亞、澳大利亞

茶湯滋味亦較為強烈、富含香氣，也可調配為奶茶飲用。

資料來源／
行政院農業委員會茶業改良場

Afternoon Tea

生活中的小確幸

每次想到 Afternoon Tea 喝茶，總是得加入排隊人龍，一邊看著冷藏櫃裡的漂亮蛋糕吞口水，趁著等候時間，到一旁的生活雜貨區逛逛，卻又不知不覺添購了幾項家用品！

Afternoon Tea 會專注於「食與住」結合的完整生活提案，是由一位仔細又貼心的日本男性會長鈴木陸三所推動的。他曾到英國留學，深切體會到歐洲人對生活品質的重視，即使忙碌，歐洲人仍相當注重進餐的時間與氣氛。他們習慣與親朋好友相約，愉快地用餐聊天，讓疲憊心情完全放鬆；而且歐洲人擅長營造舒適的家居生活，更會隨著季節變換家中擺飾；客人來訪時，還會依餐點搭配精緻合適的餐具，相當講究氣氛。

「在生活緊湊的現代社會，如果可以創造仿照歐洲日常生活的空間，放鬆緊張的步調，享受片刻的優閒，更可以愉快地度過每一天。」於是鈴木陸三在一九八一年於東京創立 Afternoon Tea，並創造出 TEAROOM 與 LIVING 結合的複合式概念一號店。

貼心設計　生活中的五感體驗

Afternoon Tea 透過商品、餐點、服務，為消費者尋找生活上的感動。例如入座時，服務生會提供一只藤編籃，讓顧客方便放置包包或提袋；服務生奉上飲料時，會先將杯子擺放妥當，在現場當面為你注入飲料，並告知正確的飲用方式；桌椅的高度也經過特別設計，專為女生打造合適的高度，整體用餐空間以舒適為主，讓你體會到視覺、味覺、嗅覺、聽覺與觸覺的「五感體驗」。

而色系豐富的餐點擺盤、賞心悅目的可口蛋糕，和清新舒爽的茶飲，美食當前，就算聊天聊得起勁也不忘品嘗。例如西班牙番紅花海鮮燉飯是以台灣豐富的海鮮資源，創意發想的主餐，改良傳統四人份的份量，一個人吃剛剛好；而最受歡迎的香蕉奇異果蛋糕，是以新鮮水果、比利時巧克力搭配有機杏仁粒，具層次的口感，廣受好評。

各式以紅茶為基底的茶飲，更是 Afternoon Tea 的強項，無論是水果茶或原創下午茶，皆由手沖而非以茶包沖泡，茶系列來自印度、斯里蘭卡等產區，採最高等級統一由日本進口，甜度也調整為適合台灣女性的減糖口味。值得一提的是，茶館內還喝得到少見的印度奶茶，熱飲是以傳統的印度陶土杯盛裝，並以熱陶土壺保持它的溫度，飲用時可自行添加適量的肉桂粉提昇風味，滋味十分特別。

設置於茶館旁的生活雜貨，原本以「茶」為中心去發想，要有好的食器才能享受優質生活，提供崇尚自然、擁有自我生活主張的女性顧客，更細緻溫暖的品味生活，還能妝點生活中的角落，打造每一天的小確幸。

找好茶

Afternoon Tea 統一午茶風光

地址／台北市大同區南京西路 14 號 2 樓
（新光三越台北南西二館）
電話／（02）2562-3966
營業時間／週日至週四 11:00 – 21:30
週五、六、國定假日 11:00 – 22:00

其他分店查詢 www.afternoon-tea.com.tw

Cutty Sark 卡提撒克

孕育英倫紅茶精華

隱身在台北行義路幽靜巷弄中的華麗美屋，是間英式莊園景觀的茶館，三層樓高的建築空間，每一層都各有風情，夏天偶爾會有藍鵲、彩蝶造訪。首先映入眼簾的是超大型的鮮紅色郵筒、銅製的古典門牌和美麗造景，種植香草的玻璃屋和庭園，推開厚重大門，灰色手感的磚牆，像是私人招待所的祕境，閒人勿進。

擺滿精美餐瓷和茶器的一樓，舉目皆是充滿英式古典氛圍的大廳造景，冬天可以取暖的壁爐、維多利亞繃布牆飾，全是英國骨董。挑高的古典復古建築內，天花板還嵌有微光閃亮的骨董水晶燈，讓人誤以為闖進大使官邸。

除了琳琅滿目的擺設，還有各式各樣的茶葉禮盒讓人愛不釋手。走向屋子的中央，一座氣勢宏偉的帆船取名 Cutty Sark Tea Clipper，是維多利亞黃金時期最重要的運茶船，用以代表卡提撒克運送珍貴茶葉往來廣大海域、屹立不搖的精神象徵。走向內部的玻璃屋別有洞天，可容納數位顧客，優閒又高雅地在此享用高級紅茶和餐點。

正統英式茶的生活美學

二樓是卡提撒克紅茶文化學苑，有著國內少數領有日本紅茶協會 Tea Adviser 和日本創藝學院紅茶認定 Coordinator 的專業級師資。每月定期開課，課程有維多利亞下午茶體驗茶會、符合黃金沖泡守則的進

階課程，甚至連骨董家飾、Table Setting等禮儀都有專屬課程，也因此吸引一群紅茶愛好者前來，看著站在茶罐牆前的老師正色專注地開始每一道沖茶工序，讓人屏氣凝神地聚焦在講師優雅又流暢的動作。

卡提撒克專屬講師楊玉琴Kelly就是少數的專業師資之一，Kelly詳盡地介紹正統英式茶的泡法，必備器具及材料有：茶葉、茶葉匙、茶壺、杯盤組、茶壺保溫罩、濾茶器、計時器、攪拌匙和小湯匙等；她提醒沖泡英式紅茶時，必須讓茶葉沖泡至足夠時間，像大吉嶺的茶湯色澤較深，容易讓人誤認茶已經泡好，因此計時器或沙漏格外重要，葉片浸至足夠的時間才有飽足的香氣。

在Cutty Sark可以品嘗到全天候供應的道地英式下午茶，每道茶飲都有正統的香氣，以大吉嶺為例，香氣濃郁四溢又不過於苦澀。Kelly認為紅茶文化可以跟世界接軌，從擺設茶具的布置，選擇適合今天的茶款、準備軟硬適中的水質、選擇茶葉、利用生薑、花和水果入味的步驟，以及搭配的點心，都可以是賓客之間的豐富話題；而紅茶的美學更可以帶入生活中，讓茶有很多季節性或主題式的變化。

找好茶

Cutty Sark 卡提撒克．英國茶館　概念館

地址／台北市北投區行義路180巷5號
電話／（02）2875-3568（採預約制）
營業時間／11:00 – 18:00（週一公休）
其他分店查詢 www.cuttysark.com.tw

WEDGWOOD TEA ROOM

隱身百貨公司的正統英式下午茶

英國知名瓷器與茶葉品牌 Wedgwood 瑋緻活英式茶館，位於台北忠孝復興捷運站旁 SOGO 百貨 BR4 九樓。茶館內提供全球知名的 Wedgwood 茶葉，還推出多種口味精緻輕食、單人及雙人下午茶，是許多愛逛東區的名媛貴婦的下午茶新選擇。

WEDGWOOD TEA ROOM 概念店，連結隔壁的 Wedgwood 餐瓷用品旗艦專櫃，具有三層樓高度的挑高空間，整體空間設計概念以二〇〇七年 Blue Brand 碧藍品牌為主，以 Wedgwood 百年歷史與知名的浮雕玉石 Jasper 浪漫粉藍發想的色彩為主色調，牆面裝飾則以代表古典的莨召葉圖樣，以經典的淡藍色及白色營造出清爽明亮的風格。

隨著台灣對外來文化接受度提高，下午茶已成為許多人生活的一部分，泡杯茶或咖啡，讓忙碌的大腦放空一下，享受優閒時光；英國人對喝茶極為講究，依時段分為早上茶、十一點茶、下午茶及晚上茶，一天喝個七、八杯都不嫌多！

一般英式下午茶常以大吉嶺、伯爵茶或錫蘭茶等傳統口味的純味茶為主，若是奶茶，則是先加牛奶再加茶；點心的搭配以司康最為傳統，可以單吃或抹上奶油、果醬及蜂蜜；而三層點心架的正確吃法，是由鹹而甜，也就是在雙層點心架的下層擺上如三明治的鹹點，上層則是司康、餅乾、蛋糕、水果塔等甜點。

特色茶飲　百年餐瓷工藝之美

以 WEDGWOOD TEA ROOM 概念店推出夏季限定餐點——「夏日海洋雙人輕食」與「夏日海洋雙人下午茶」為例，雙人套餐的形式以正統的三層點心架供應，餐點則來自老爺酒店主廚精心設計，以清淡健康為概念。

至於最著名的 WEDGWOOD 紅茶，以伯爵茶加入佛手柑的經典風味最受歡迎，大吉嶺則是有「紅茶中的香檳」美譽，在印度高海拔位置，以夏摘茶的品質為最佳，茶湯中帶有果香和葡萄香氣，單喝最為適宜；而適合加入牛奶的阿薩姆紅茶，產自印度及斯里蘭卡，加入牛奶後，滑順又香甜的氣味，一入口便十分舒暢。

英國國寶級品牌 Wedgwood 自一七五九年創立，至今已有兩百多年歷史，不但讓 Wedgwood 成為全

球居家精品的領導品牌之一，品牌演進的歷史更成為瓷器產業的演進史代表，可說是將百年的傳世工藝，延續到現代。

Wedgwood 以精緻骨瓷聞名，質地比一般瓷器更加堅硬、不易碎裂，且具有良好的保溫性及透光性，兼具美觀和實用，除了直接代表骨瓷商品的特性，更能展現品牌工藝技術，到 WEDGWOOD 茶館即可親自體會這高級工藝之美。

找好茶

WEDGWOOD TEA ROOM

地址／台北市大安區忠孝東路三段 300 號 9 樓
（台北 SOGO BR4 百貨公司復興館 9 樓）

電話／（02）8772-0130

營業時間／11:00 – 14:00（午餐）
14:00 – 17:30（下午茶）
18:00 – 20:30（晚餐）
（週五、六晚上至 21:00）

網站／www.wedgwood.com.tw

特惠套餐僅限午餐及晚餐時段可供點選
換季時會變更菜單，以現場為主

附錄

參考書籍

《茶業改良場魚池分場七十週年紀念專刊》
行政院農委會茶業改良場　二〇〇六年十二月

《台灣的茶葉》
林木連、蔡右任、張清寬、陳國任、楊盛勳、陳英玲、張如華、陳玄、賴正南編著
遠足文化事業有限公司　二〇〇九年十一月

《台灣綠茶的故鄉：三峽茶產業的發展與變遷》林炯任 著
新北市政府文化局贊助出版　二〇一三年十二月

《台灣的茶園與茶館》吳德亮 著
聯經出版社　二〇一一年九月

《紅茶知識大全》
樂活文化編輯部　二〇一一年十一月

《圖解第一次品紅茶就上手》
趙立忠、楊玉琴、黃姵嘉、鄭雅尹、易博士編輯部編著
城邦文化出版　二〇一二年五月

《台灣紅茶的百年風華》葉士敏著
知音文化出版　二〇一四年八月

參考網站

行政院農委會茶業改良場　teais.coa.gov.tw
中華茶文化學會　范增平　www.fans-tea.com
台灣農林　www.ttch.com.tw
台灣光華雜誌　www.taiwanpanorama.com.tw
魚池鄉農會　www.fcic.org.tw/260
三峽鎮農會　www.shefa.org.tw
日月老茶廠　www.assamfarm.com.tw
台北市茶商業同業公會　www.taipeitea.org.tw

特別感謝各界人士的專業指導與協助拍攝：
茶葉化學專任講師葉士敏博士、茶業改良場台東分場吳聲舜分場長、瑞穗鄉農會魏清河總幹事、瑞穗鄉農會莊正益先生、茶業改良場魚池分場茶作股長蕭建興先生、魚池鄉農會蔡昇樺先生、南投縣名間鄉洺盛茶園陳洺浚先生及黃雅惠小姐、南投縣魚池鄉益同茶莊王瑞鴻先生、三峽區農會張永巨會務股長、三峽區農會翁銘鴻農事指導員、台灣農林熊空生態有機茶園洪毓翔先生、三峽天芳茶行黃正忠先生、奇原本味特產行陳榮俊先生、茶帷趙立忠先生、曾建銘先生

感謝台北市金成餐具有限公司，出借部分餐具供拍攝使用

Afternoon Tea

憑此券至 *Afternoon Tea* 全台門市，消費滿 *120* 元，
即招待 *120* 元飲品乙份（不限品項）
使用期限 / 至 *2015* 年 *6* 月 *30* 日止
使用地點 / *Afternoon Tea* 全台門市
官方網站 / *www.afternoon-tea.com.tw/*

《台茶好滋味》四塊玉文創　出版

eslite TEA ROOM

憑本券至 *eslite TEA ROOM* 消費，可享下午茶 *85* 折優惠
使用期限 / 至 *2015* 年 *12* 月 *30* 日止
使用地點 / 誠品信義店（台北市信義區松高路 *11* 號 *3* 樓）
台中園道店（台中市西區公益路 *68* 號 *3* 樓）
聯絡電話 / 誠品信義店（*02*）*8789-3388#3324*
台中園道店（*04*）*2328-1000#3500*

《台茶好滋味》四塊玉文創　出版

smith&hsu

憑此券至 *smith&hsu* 任一門市消費滿 *500* 元，可折抵 *100* 元，
恕無累扣
使用期限 / 至 *2015* 年 *9* 月 *30* 日止
使用地點 / *smith&hsu* 全台門市
官方網站 / *www.smithandhsu.com*

《台茶好滋味》四塊玉文創　出版

the first 餐廳

憑本券至 *the first* 餐廳消費，可享下午茶 *85* 折優惠
使用期限 / 至 *2015* 年 *12* 月 *30* 日止
使用地點 / 誠品松菸店（台北市菸廠路 *88* 號 *3* 樓）
聯絡電話 /（*02*）*6636-5888#1515*、（*02*）*6638-9888*

《台茶好滋味》四塊玉文創　出版

七三茶堂

憑此券至七三茶堂松菸茶館消費，可享 *95* 折優惠
使用期限 / 至 *2015* 年 *9* 月 *30* 日止
使用地點 / 台北市信義區忠孝東路四段 *553* 巷 *46* 弄 *16* 號 *1* 樓
聯絡電話 /（*02*）*2766-7373*

《台茶好滋味》四塊玉文創　出版

小茶栽堂 Le Salon

憑此券至小茶栽堂 *Le Salon* 永康門市消費滿 *500* 元，即贈冰
淇淋輕巧杯乙杯
使用期限 / 至 *2015* 年 *9* 月 *30* 日止
使用地點 / 台北市大安區永康街 *4* 巷 *8* 號
聯絡電話 /（*02*）*2395-1558*

《台茶好滋味》四塊玉文創　出版

京盛宇

憑此券至京盛宇消費，可享茶飲第二杯半價
使用期限 / 至 *2015* 年 *9* 月 *30* 日止
使用地點 / 新光三越台北站前店（台北市忠孝西路一段 *66* 號 *B2*）
誠品松菸店（台北市菸廠路 *88* 號 *3* 樓）
誠品敦南店（台北市敦化南路一段 *245* 號 *B1*）
聯絡電話 / 新光三越台北站前店（*02*）*2388-5552#5061*
誠品松菸店（*02*）*6636-5888#1505*
誠品敦南店（*02*）*2775-5977#621*

《台茶好滋味》四塊玉文創　出版

典藏藝術餐廳

憑此券至典藏藝術餐廳消費，可享 *9* 折優惠
限下午茶時段 *14：30* ～ *17：00*（不限平日和假日）
使用期限 / 至 *2015* 年 *9* 月 *30* 日止
使用地點 / 台北市中山北路一段 *135* 巷 *16* 號
聯絡電話 /（*02*）*2542-7825*

《台茶好滋味》四塊玉文創

珍珠茶屋

憑此券至珍珠茶屋用餐或下午茶，可享 *9* 折優惠
使用期限 / 至 *2015* 年 *9* 月 *30* 日止
使用地點 / 台北市內湖區內湖路二段 *103* 巷 *38* 號
聯絡電話 /（*02*）*2797-3972*

《台茶好滋味》四塊玉文創　出

紀州庵文學森林

憑此券至紀州庵文學森林茶館消費，可免服務費
使用期限 / 至 *2015* 年 *9* 月 *30* 日止
使用地點 / 台北市中正路同安街 *107* 號
聯絡電話 /（*02*）*2368-7577#17*

《台茶好滋味》四塊玉文創　出

愛嬌姨茶餐

農特產可享 *9* 折（特價商品除外）
使用期限 / 至 *2015* 年 *9* 月 *30* 日止
使用地點 / 台東縣鹿野鄉永安村高台路 *109* 巷 *32* 弄 *9* 號
聯絡電話 /（*089*）*550-678*

《台茶好滋味》四塊玉文創　出版

臻味茶苑

憑此券至臻味茶苑消費，可享 *9* 折優惠
使用期限 / 至 *2015* 年 *9* 月 *30* 日止
使用地點 / 台北市大同區迪化街一段 *156* 號
聯絡電話 /（*02*）*2557-5333*

《台茶好滋味》四塊玉文創　出版

耀紅名茶藝術空間

1. 憑此券至耀紅名茶藝術空間，購買茶具、茶葉可享 *9* 折優惠
2. 品茶茶資可享免服務費

使用期限 / 至 *2015* 年 *9* 月 *30* 日止
使用地點 / 台北市永康街 *10* 巷 *10* 號（麗水街口）
聯絡電話 /（*02*）*2321-5119*

《台茶好滋味》四塊玉文創　出版

翰林茶館

憑此券至翰林茶館或翰林茶棧消費，可享「外帶大杯原創珍
珠奶茶二杯 *99* 元」
使用期限 / 至 *2015* 年 *12* 月 *31* 日止
使用地點 / 翰林茶館
翰林茶棧全台門市
聯絡電話 / *0800-245-189*

《台茶好滋味》四塊玉文創　出版

四塊玉文創

意事項

比券優惠限使用乙次，不得複印
本活動不得與其他優惠、折扣併用

四塊玉文創

注意事項

1. 此券優惠限使用乙次，不得複印
2. 使用本券後每人結帳金額須高於最低消費額 120 元，亦可折抵特別套餐 100 元
3. 本券恕不提供外帶，不得與其他優惠或活動同時使用
4. 不可更換為其他產品
5. 本券為贈品不得轉售
6. 統一午茶風光股份有限公司保有修正活動的權利

四塊玉文創

意事項

此券優惠限使用乙次，不得複印

四塊玉文創

注意事項

1. 此券優惠限使用乙次，不得複印，結帳前請出示本券
2. 此券僅限下午茶供應時段使用，為保障您的權益，使用前請先來電詢問營業狀況
3. 本券不得與其他特價優惠合併使用，特殊節日、包場及餐會等特殊狀況恕不適用
4. 菜單依季節更換，依現場實際供應為主
5. 本店保有本券使用方式最終解釋權，若有相關異動以現場公布為主

四塊玉文創

意事項

此券優惠限使用乙次，不得複印

四塊玉文創

注意事項

1. 此券優惠限使用乙次，不得複印
2. 結帳前請出示本券，供門市回收
3. 特價活動以及特價品恕不列入本活動

四塊玉文創

注意事項

1. 此券優惠限使用乙次，不得複印

四塊玉文創

注意事項

1. 此券優惠限使用乙次，不得複印，結帳前請出示本券
2. 此券僅限下午茶供應時段使用，為保障您的權益，使用前請先來電詢問營業狀況
3. 本券不得與其他特價優惠合併使用，特殊節日、包場及餐會等特殊狀況恕不適用
4. 菜單依季節更換，依現場實際供應為主
5. 本店保有本券使用方式最終解釋權，若有相關異動以現場公布為主

四塊玉文創

注意事項

1. 此券優惠限使用乙次，不得複印
2. 如有疑問，請來電洽詢

四塊玉文創

注意事項

1. 此券優惠限使用乙次，不得複印

四塊玉文創

注意事項

1. 此券優惠限使用乙次，不得複印

四塊玉文創

注意事項

1. 此券優惠限使用乙次，不得複印

四塊玉文創

注意事項

1. 此券優惠限使用乙次，不得複印
2. 限外帶大杯，不適用外送及內用
3. 優惠券不得折抵現金，且不可與其他優惠活動同時使用
4. 每張優惠券限購一組優惠商品
5. 結帳前請先出示本優惠券，如未出示而發票開出，請於下次消費使用
6. 限正本使用，經翻拍、影印、逾期、塗改及污損無法辨識者無效

四塊玉文創

注意事項

1. 此券優惠限使用乙次，不得複印
2. 本活動不得與其他優惠、折扣併用